建筑施工特种作业人员安全培训系列教材

物料提升机安装拆卸工

中国建筑业协会机械管理与租赁分会　**组编**

张燕娜　　　　　　　　　　　　**主编**

U0283653

中国建材工业出版社

图书在版编目（CIP）数据

物料提升机安装拆卸工/张燕娜主编.—北京：
中国建材工业出版社，2019.3
建筑施工特种作业人员安全培训系列教材
ISBN 978-7-5160-2414-0

Ⅰ.①物…　Ⅱ.①张…　Ⅲ.①建筑材料—提升车—装
配（机械）—安全培训—教材　Ⅳ.①TH241.08

中国版本图书馆 CIP 数据核字（2018）第 209688 号

内 容 简 介

　　本书从基础理论知识入手，介绍了力学、电工学、钢结构以及起重机具等知识，重点对物料提升机的构成、安装与拆卸进行了说明。书中保留了部分施工现场的照片及图片，使其更贴近实际、通俗易懂。本书运用了二维码，展示了部分流程及关键点，让读者在使用手机的同时学习物料提升机的专业知识。

　　本教材内容精炼、条理清晰，特别适合建筑施工特殊作业人员作为培训教材使用。

物料提升机安装拆卸工
Wuliaotishengji Anzhuangchaixiegong
中国建筑业协会机械管理与租赁分会　组编
张燕娜　主编
出版发行：中国建材工业出版社
地　　址：北京市海淀区三里河路 1 号
邮　　编：100044
经　　销：全国各地新华书店
印　　刷：北京雁林吉兆印刷有限公司
开　　本：850mm×1168mm　1/32
印　　张：6.375
字　　数：160 千字
版　　次：2019 年 3 月第 1 版
印　　次：2019 年 3 月第 1 次
定　　价：**34.00 元**

《物料提升机安装拆卸工》编委会

主任委员：张燕娜

副主任委员：史洪泉　李文波　杨　杰　王凯晖
　　　　　　　李宗亮　张　冲　谢　静　王成武

编委：左建涛　杨高伟　陈　雄　王东升
　　　　王建华　张　磊　杜　甍　张　琪
　　　　陈云龙　姜立冬　沈宏志　帅玉兵
　　　　张希望　司迎喜　张　晶　曹俊军

前　　言

为进一步做好建筑施工特种作业人员培训考核管理工作,切实提高培训考核质量,提升特种作业人员的综合素质,落实住房城乡建设部的相关法规,依据《建筑施工特种作业人员安全技术考核大纲》,在中国建筑业协会机械管理与租赁分会的具体指导下,编写了本教材。

本教材紧密围绕考核大纲及考核标准编写,主要内容包括:物料提升机的组成、分类及技术性能;物料提升机的主要零部件;物料提升机的安全保护;物料提升机的安装与拆卸以及调试;吊装指挥信号;物料提升机安装拆卸事故分析等。

本教材依据现行的法律法规、国家及行业标准编写而成,力求做到通俗易懂,突出实用性和可操作性。除可作为培训教材外还可作为物料提升机安装拆卸工的作业指导书及参考书。

在本教材编写过程中,虽经反复推敲核证,仍难免有疏漏之处,恳请广大读者提出宝贵意见。

编　者
2018 年 7 月

目　　录

第一章　基础理论知识

第一节　力学基本知识

一、力学基本概念

（一）力的概念

力学研究方法遵循认识论的基本法则：实践—理论—实践。力学家们根据对自然现象的观察、观测的结果，根据生产过程中积累的经验和数据，或者根据为特定目的而设计的科学实验的结果，提炼出量与量之间的定性的或数量的关系。在建筑行业中"力学"被广泛地应用，对于从事特种作业的人员需要了解一般的力学基本知识。

在力学中，力是一个物体对另一个物体的作用，它包括了两个物体，一个叫受力物体另一个叫施力物体，其效果是使物体产生匀速运动状态或发生形状的变化。作用力的方向不同，物体运动的方向也不同；力的作用点是物体上直接受力作用的点。

（二）力的三要素

实践证明，影响力作用在物体上所产生的效果的因素，不但与力的大小和方向有关，而且与力的作用点有关。我们把力的大小、方向和作用点称为力的三要素。

例如，用手拉伸弹簧，用的力越大，弹簧拉得越长，这表明力

产生的效果跟力的大小有关系；用同样大小
的力拉弹簧和压弹簧，拉的时候弹簧伸长、
压的时候弹簧缩短，说明力的作用效果跟力
的作用方向有关系，如图 1-1 所示。

图 1-1　重物压弹簧

　　再如，用扳手拧螺母，手握在扳手手
柄的 A 点比 B 点省力，所以力的作用效果与力的方向和力的作用
点有关（杠杆原理）。其中三要素中任何一个要素改变，都会使
力的作用效果发生改变，如图 1-2 所示。

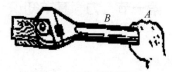

图 1-2　用扳手拧螺母

（三）力的单位

　　在国际通用计量单位制中，力的单位用牛顿或千牛顿，简写
为牛（N）或千牛（kN）。在建筑行业习惯采用公斤力、千克力
（kgf）和吨力（tf）来表示。它们之间的换算关系为：

　　1 牛顿（N）＝0.102 公斤力（kgf）

　　1 吨力（tf）＝1000 公斤力（kgf）

　　1 千克力（kgf）＝1 公斤力（kgf）＝9.807 牛（N）≈10 牛（N）

第二节　电工学基本知识

一、基本概念

（一）电流、电压和电阻

1. 电流

在电路中沿导体做有规则运动的电荷称为电流。

电流不但有方向，而且有大小。大小和方向都不随时间变化的电流，称为直流电，用字母"DC"或符号"—"表示；大小和方向随时间变化的电流，称为交流电，用字母"AC"或符号"～"表示。

2. 电压

电路中要有电流，必须要有电位差，有了电位差，电流才能从电路中的高电位点流向低电位点。

电压是指电路中任意两点之间的电位差。电压的基本单位是伏特，简称伏，用字母 V 表示，常用的单位还有千伏（kV）、毫伏（mV）等。

（1）高压、低压与安全电压

电压按等级划分为高压、低压与安全电压等三个等级：

A. 高压：指电气设备对地电压在 1kV 以上电压称为"高电压"；

B. 低压：指电气设备对地电压为 1kV 以下电压称为"低电压；

C. 安全电压有五个等级：42V、36V、24V、12V、6V。

3. 电阻

导体对电流的阻碍作用称为电阻，导体电阻是导体中客观存在的。在温度不变时，导体的电阻跟它的长度呈正比，跟它的横截面积呈反比。

（二）电路

1. 电路的组成

电路就是电流流通的路径，如日常生活中的照明电路、电动机电路等。电路一般由电源、负载、导线和控制器件四个基本部分组成，如图 1-3 所示

图 1-3 电路示意图

二、电气元件

(一) 低压电器

低压电器是指在供配电系统中常用于电路、用电设备等电气控制装置中,其电气元件在电气控制装置中起着开关、保护、调节和控制的作用。按其功能分有开关型电气元件、控制型电气元件、保护型电气元件、调节型电气元件、主令电器和成套电气元件等。

(二) 主令电器

主令电器(也叫指令开关)是一种能发送指令的电气元件,主要有按钮开关、行程开关、万能转换开关和碰触(限位)开关等。利用它们可以实现操纵人员对控制电器的操作或实现控制电路的顺序达到其控制目的和控制效果。

1. 按钮开关

按钮是一种靠外力触动操作接通或断开控制电路中的一种操控电气元件,一般不能直接用来控制电气设备,只能发出指令,但可以实现远距离操作控制电气设备运行。如图 1-4 所示,为常见的按钮开关的外形与内部构造原理。

2. 行程开关

行程开关又称极限限位开关或终端断电开关,是一种将机械信号转换为电信号来控制运动部件行程的一种电气开关元件。它不用人工操作,而是利用机械设备某些部件来碰撞预设的碰块

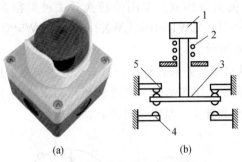

图 1-4 按钮开关的外形与内部构造

（a）实物图；（b）结构原理图

1—按钮；2—弹簧；3—动触点片；4、5—静触点

（或挡板）来完成机械设备某个运行部位的行程限位，以达到控制某控件的运动方向或行程大小的控制开关，被广泛用于顺序控制器、运动方向、行程、零位、限位、安全及自动停止、自动往复等控制系统中。如图 1-5 所示，为常见的行程限位开关。

图 1-5 常见的行程开关

3. 万能转换开关

万能转换开关是一种多对静触头和动触头、多挡位组合形式的转换控制开关。主要由操作手柄、转轴、静触头和动触头及带

号码牌的开关盒等构成。常用的转换开关种类很多，有 LW2、LW4、LW5-15D、LW15-10，LWX2 等，如 LW5 型万能转换开关，如图 1-6 所示。

注：《龙门架及井架物料提升机安全技术规范》JGJ88—2010中规定，龙门式、井架式物料提升机的控制系统中必须采用按钮型开关作为操控开关，禁止使用万能转换开关。

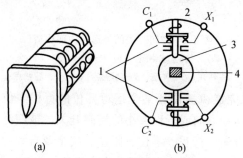

（a） （b）

图 1-6 万能转换开关

（a）外形图；（b）结构原理图

1—触点；2—触点弹簧；3—凸轮；4—转轴

（三）控制型电器

1. 接触器

接触器是利用操控按钮开关实施发出动作指令，使其自身线圈通过电流产生磁场效应，使动触头与静触头闭合，以达到控制设备运行的电气元件。接触器用途广泛，是电动设备运行和控制系统中应用最为广泛的一种电气元件，它可以操控用电设备频繁启动、停止、吸合、断开动作，也适用于远距离操控电动设备闭合、断开主电路和大容量用电设备控制电路中采用的电气元件，接触器可分为交流接触器和直流接触器两大类。

接触器由电磁系统、静触头和动触头、闭合和辅助触头系统、灭弧罩装置四个部分组成。交流接触器的交流线圈的额定电压有 380V、220V 等。如图 1-7 所示为几种常见的交流接触器。

图 1-7 几种常见的交流接触器

2. 继电器

继电器是一种自动控制电器，常用的继电器有：中间继电器、过热继电器、时间（延时）继电器、温度继电器、过流继电器、欠流继电器等。如图 1-8 所示为几种常见的继电器。

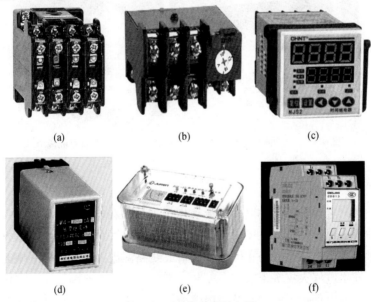

(a) (b) (c)

(d) (e) (f)

图 1-8 几种常见的继电器

（a）中间继电器；（b）过热继电器；（c）时间（延时）继电器；

（d）温度继电器；（e）过流继电器；（f）欠流继电器

（四）保护型电气元件

1. 隔离开关

隔离开关又叫分断器，其种类很多，安装在用电设备的前端，作用是在电路中隔离电源和分断负载的重要电气元件，具有漏电保护、短路、断路和过载自动分断等保护功能。较常见的两种类型的隔离开关有空气隔离开关（图 1-9）、可视断点隔离开关（图 1-10）。

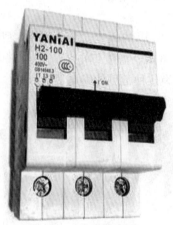

图 1-9　空气隔离开关　　　　图 1-10　可视断点隔离开关

2. 漏电保护器

漏电保护器又称剩余电流动作保护器。在电气系统中，是一种安全保护装置，主要用于保护人身安全。一旦因设备漏电发生触电、电击伤害和防止因电气设备或线路漏电短路而引起的触电和发生电气火灾等事故。

漏电保护器的安装及使用必须符合《施工现场临时用电安全技术规范》JGJ46—2005 中的规定要求，采用 TN 系统做保护接零时，工作零线（N 线）必须通过总漏电保护器，保护零线（PE

线）必须由电源进线零线重复接地处或总漏电保护器电源侧零线处，引出形成 TNS 接零保护系统。

常见的安装形式，北京地区要求采用三级配电逐级保护（地方标准），主要是考虑到漏电电流通过人体的影响，用于防止人身触电的漏电安全保护、保险装置，其动作电流不得大于 30mA，动作时间不得大于 0.1s。但是，如应用于潮湿场所的电气设备，应选用动作电流不大于 15mA，动作时间不得大于 0.1s 的漏电保护器，如图 1-11 所示。

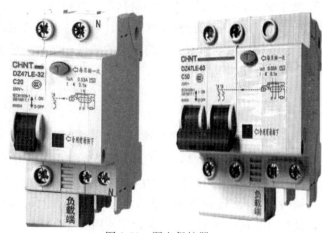

图 1-11 漏电保护器

第三节 钢结构基础知识

一、钢结构的特点

目前常见的钢结构是由钢板、型钢、薄壁型钢和钢管等构件通过焊接、铆接和螺栓、销轴等形式连接而成的能承受和传递荷载的钢结构桁架形式，是建筑起重机械加工制造中钢结构部分的重要组成部分。钢桁架结构具有以下特点：

1. 坚固耐用、安全可靠。钢结构具有足够的承载力、刚度和韧性、稳定性以及良好的械性能。

2. 架体体积小、结构质量轻。钢结构具有体积小、厚度薄、质量轻的特点，便于运输装拆。

3. 材质均匀。钢材内部组织比较均匀，力学性能接近各同类性能，结构比较可靠。

4. 韧性好，适应在动力荷载条件下使用。

5. 便于加工制造。钢结构所用材料以型钢和钢板为主，加工制作简便，计算准确度和精密度都较高。但钢结构与其他结构相比，也存在抗腐蚀性能和耐火性能较差的缺点，以及在低温条件下容易发生脆性断裂等缺点。

二、钢结构的材料

1. 钢结构所使用的钢材应当具有较高的强度、塑性、韧性和耐久性较好，焊接性能优良，易于加工制造，抗锈蚀性好等。

2. 钢结构所采用的材料一般为 Q235 钢、Q345 钢。

普通碳素钢 Q235 系列钢，强度、塑性、韧性及可焊性都比较好，是建筑起重机械生产加工制造中使用的主要材料。

低合金钢 Q345 系列钢，是在普通碳素钢中加入少量的合金元素冶炼成的。其力学性能较好，强度也较高，对低温的敏感性不高，耐腐蚀性能较强，焊接性能也较好，多用于受力较大的结构中，可节省钢材，减轻结构件的自重。

三、钢材的规格

型钢和钢板是制造钢结构的主要材料。钢材有热轧成型和冷轧成型两大类。热轧成型的钢材主要有型钢和钢板，冷轧成型的有薄壁型钢和钢管。

按照国家标准规定，型钢和钢板均具有相关的断面形状和尺寸规格要求。

1. 热轧钢板

（1）厚钢板，国内钢材市场常见的规格厚度有 4.5～60mm，宽度 600～3000mm，长 4～12m；

（2）薄钢板，国内钢材市场常见的规格厚度有 0.35～4.0mm，宽度 500～1500mm，长 1～6m；

（3）扁钢，国内钢材市场常见的规格厚度有 4.0～60mm，宽度 12～200mm，长 3～9m；

（4）花纹钢板，国内钢材市场常见规格的厚度有 2.5～8mm，宽度 600～1800mm，长 4～12m。

2. 角钢

角钢分为等肢和不等肢两种，是以其肢宽（mm）来编号的。例如：型号 160×160×16 等肢角钢的两个肢宽均为 160mm，肢厚度 16mm；型号 25×16×3 不等肢角钢的肢宽分别为 25mm 和 16mm，肢厚度 3mm，国内钢材市场上常见的角钢的长度规格一般为 4～19m。

3. 槽钢

槽钢分为普通槽钢和普通低合金轻型槽钢，其型号是以截面高度（mm）来表示的。例如，14×60×8 表示高度（h）140mm，翼缘腿宽（b）60mm，腰厚（d）8mm，国内钢材市场上常见的槽钢规格一般长度为 5～19m，最大型号为 40 号。

4. 工字钢

工字钢分为普通工字钢和普通低合金工字钢两类。因其腹板厚度不同，型号也是用截面厚度（mm）来表示的。例如，工 160×88×6，表示腰高为 160mm，腿宽为 88mm，腰厚为 6mm 的工字钢。国内钢材市场上常见的工字钢长度规格一般为 5～19m，最大型号 63 号。

5. 钢管

钢管其规格以外径来表示，国内钢材市场上常见的无缝钢管外径规格约 32～630mm，壁厚 2.5～7.5mm，长度 4～12.5m。

6. H 型钢

H 型钢规格是以高度 H（mm）×宽度 B（mm）表示，目前国内钢材市场上常见的 H 型钢规格 100mm×100mm 至 800mm×300mm 或宽翼 427mm×400mm，腹板、翼缘厚度 6～20mm，长度 6～18m。

四、桁架结构

在起重机械设备架体的设计、加工及制造过程中，常见的桁架结构形式是指由各种型钢杆件组成的立体结构形式，一般具有三角形单元的平面或空间桁架结构。在荷载作用下，桁架杆件主要承受轴向拉力或压力，从而能充分利用材料的强度，在跨度较大时可比实腹梁节省材料，减轻自重和增大刚度，故适用于较大跨度的承重结构和高耸结构，如井架式、龙门架式物料提升机机架等起重设备的钢结构部分。

建筑起重机械的架体无论采用何种杆件，现场拼装还是采用定型的标准节连接方式，也不论是采用方形还是三角形断面，通常都属于桁架结构类，由主肢杆件和若干个腹杆（板、条）杆件组合形成架体形状，均称为钢格构柱构造形式的桁架，如图 1-12 所示。

桁架按外形几何形状可分为：三角形桁架、梯形桁架、多边形桁架、平行弦桁架和空腹桁架五类。钢桁架杆件的连接方式有铆钉、销栓及焊接等形式，桁架结构有以下结构特点：

（1）具有足够承载力，通常不发生断裂或塑性变形；

（2）具有足够刚性，一般不发生过大的弹性变形；

（3）具有足够稳定性，在正常情况下不易发生因平衡形式的突然转变而导致坍塌或折断；

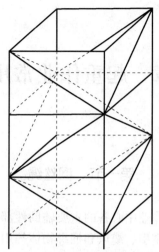

图 1-12　钢格构式桁架柱

（4）具有良好的力学特性，具有较好的抗震、抗风性能；

（5）桁架中的杆件大部分只受轴向拉应力和压应力，通过对上、下弦杆和腹杆的合理布置，可适应结构内部的弯矩和剪力分布，如图 1-13 所示。

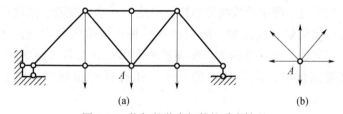

图 1-13　桁架的节点杆件的受力情况

（a）桁架所受外力；（b）节点 A 的内力

第二章　起重作业常用机具

第一节　钢丝绳

钢丝绳是起重作业中必备的重要辅助性部件，广泛用于起重机作业中的起升、牵引、缆风和捆绑物体等用途。钢丝绳的构造通常由多根钢丝捻成绳股，再由多股绳股围绕绳芯捻制而成绳。具有强度高、自重轻、弹性大、挠性好等特点，能承受振动荷载的冲击，也能在高速下平稳运动且噪声小。

一、钢丝绳分类、标记

按钢丝在绳中的捻次分单捻、双捻、三捻。按股中钢丝接触情况分点接触、线接触、面接触式三种。按捻向分为左捻、右捻、同向捻、交互捻四种。按绳股断面形状分为普通圆钢丝绳、异型股钢丝绳。这是基本的分类，还有特种钢丝绳，如扁钢丝绳。

（一）钢丝绳分类

按《重要用途钢丝绳》GB8918—2006，钢丝绳分类如下：

1. 按绳和股的断面、股数和股外层钢丝绳的数目分类，常用钢丝绳分类表见表 2-1。

表 2-1　钢丝绳分类表

组别	类别		分类	结构		直径范围（mm）
				钢丝绳	股绳	
1	钢丝绳	6×7	6股，外层丝可到7根，中心丝（或无）外捻制1～2层钢丝，钢丝等距捻	6×7 6×9W	（6+1）（3/3+3）	2～36 14～36
2	钢丝绳	6×19（a）	6股，外层丝可到8～12根，中心丝外捻制2～3层钢丝，钢丝等捻距	6×19S 6×19W 6×25F$_1$ 6×26WS 6×31WS	（9+9+1） （6/6+6+1） （12+6F+6+1） （10+5/5+5+1） （12+6/6+6+1）	6～36 6～41 14～44 13～41 12～46
2	钢丝绳	6×19（b）	6股，外层丝可到12根，中心丝外捻制2层钢丝	6×19	（12+6+1）	3～46
2	钢丝绳	6×37（a）	6个圆股，外层丝可到14～18根，中心丝外捻制3～4层钢丝，钢丝等捻距	6×29F$_1$ 6×36SW 6×37S（点线接触） 6×41SW 6×49SWS 6×55SWS	（14+7F+7+1） （14+7/7+7+1） （15+15+6+1） （16+8/8+8+1） （16+8/8+8+1） （18+9/9+9+9+1）	10～44 12～60 10～60 32～60 36～60 36～64
3	钢丝绳	6×37（b）	6股，外层丝可到8根，中心丝外捻制3层钢丝	6×37	（18+12+6+1）	5～66

施工现场一般常用钢丝绳的断面形式如图 2-1、图 2-2 所示。

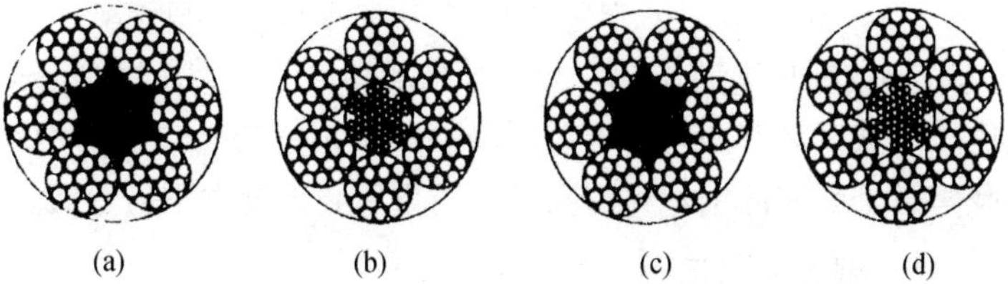

(a)　(b)　(c)　(d)

图 2-1　6×19 钢丝绳断面图

（a）6×19S+FC；（b）6×19S+IWR；（c）6×19W+FC；（d）6×19W+IWR

2. 钢丝绳按捻法，分为右交互捻（ZS）、左交互捻（SZ）、右同向捻（ZZ）和左同向捻（SS）四种，如图 2-3 所示。

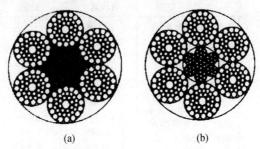

(a)　　　　　　　　　(b)

图 2-2　6×37S 钢丝绳断面图

(a) 6×37S+FC；(b) 6×37S+IWR

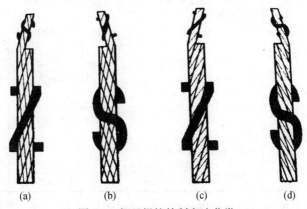

(a)　　　　(b)　　　　(c)　　　　(d)

图 2-3　钢丝绳按捻制方法分类

(a) 右交互捻；(b) 左交互捻；(c) 右同向捻；(d) 左同向捻

3. 钢丝绳按绳芯不同，分为纤维芯和钢芯两类。纤维芯钢丝绳比较柔软，易弯曲，纤维芯可浸油作润滑、防锈，减少钢丝间的摩擦；金属芯的钢丝绳耐高温、耐重压，硬度大不易弯曲。

（二）钢丝绳标记

根据《钢丝绳术语、标记和分类》GB/T8706—2017，钢丝绳的标记格式如图 2-4 所示。钢丝绳的型号及性能指标，可通过钢丝绳的标记来了解，其主要由尺寸、钢丝绳结构、芯结构、钢丝绳级别、钢丝表面状态和捻制类型及方向组成。

全称标记方法举例注解：

1. "18"——钢丝绳的公称直径为18mm。

2. "NAT"——钢丝表面状态代号，NAT代表光面钢丝；ZAA代表A级镀锌钢丝；代表AB级镀锌钢丝；ZBB代表B级镀锌钢丝。

3. "6（9+9+1）+NF"——钢丝绳的结构形式为6股；每股由9+9+1=19根钢丝组成，NF代表绳芯（股芯）的材质代号，NF代表天然纤维芯；FC代表纤维芯（天然或合成）；SF代表合成纤维芯；IWR代表金属丝绳芯等。

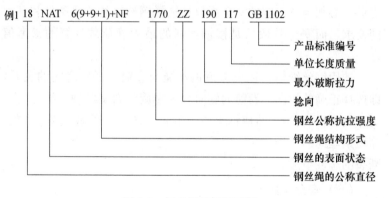

图2-4 钢丝绳的标记示例

4. "1770"——钢丝的公称抗拉强度为1770MP（177kg/mm³），抗拉强度等级还有1470MP、1570MP、1670MP、1870MP（这个抗拉强度指的是钢丝，而不是钢丝绳）。

5. "ZZ"——钢丝绳的捻向，其中：ZS代表右交互捻；SZ代表左交互捻；ZZ代表右同向捻；SS代表左同向捻。

6. "190"——钢丝绳的最小破断拉力，单位：kN。

7. "117"——钢丝绳单位长度质量（kg/100m）。

8. "GB"——国标（汉语拼音缩写）。

9. "1102"——标准代号。

在以上标记参数中，重点了解的有：钢丝绳的直径、结构形式、抗拉强度、绳的捻向及最小破断拉力等，一般简化标记为：

18 NAT 6（9＋9＋1）＋NF 1770 ZZ 190

对于其他规格型号参数，可参见相关标准。

二、钢丝绳的选用

钢丝绳在工作时受到多种应力作用，如：静、动、冲击、弯曲、接触应力、挤压应力和捻制应力等，这些应力反复作用，将导致钢丝绳疲劳损坏，加上磨损、锈蚀，从而缩短钢丝绳的使用寿命。必须考虑一定的安全系数是选择钢丝绳的首要条件和基本的要求，而安全系数只是按钢丝绳的最大静荷载计算的参考值之一。

选用钢丝绳时，还应考虑钢丝绳与卷筒、滑轮之间的关系，即选择正确的捻向。卷筒的旋向分为左旋和右旋两种（沿固定绳头方向看），否则会造成钢丝绳产生非正常性的磨损、散股现象，缩短钢丝绳的使用寿命。严重的可能造成断股，甚至造成钢丝绳断裂的恶性事故。

（一）安全系数

安全系数是指钢丝绳在使用中的安全保险系数，在钢丝绳受力计算和选择钢丝绳时，必须考虑到因钢丝绳受力不均、荷载惯性冲击不准确、计算方法不精确和使用作业环境较复杂等诸多不利因素，应给予钢丝绳一个储备能力。因此确定钢丝绳的受力时必须考虑一个系数，作为储备能力，这个系数就是钢丝绳的安全系数。

起重用钢丝绳必须预留足够的安全系数，主要是由以下因素确定的：

1. 钢丝绳的磨损、疲劳破坏、锈蚀、使用不恰当，尺寸误差和制造质量缺陷等不利因素带来的影响；

2. 钢丝绳的固定强度达不到钢丝绳本身的强度；

3. 由于惯性及加速作用（如启动、制动、振动、惯性冲击等）而造成的附加荷载的作用；

4. 由于钢丝绳通过滑轮槽时所产生的摩擦阻力作用；

5. 载重时的超载影响；

6. 吊索及吊具的超重影响；

7. 钢丝绳在绳槽中反复弯曲而造成疲劳危害的影响。

钢丝绳的安全系数是不可缺少的安全储备系数，决不允许凭借这种安全储备系数而擅自提高或加大钢丝绳的最大允许安全荷载，钢丝绳的安全系数见表2-2。

表 2-2　钢丝绳的安全系数

用　　途	安全系数	用　　途	安全系数
用做缆风绳	3.5	用于自升平台	12
用于手动起重设备	4.5	用于提升吊笼钢丝绳	8
用于机动起重设备	5～6	用于安装吊杆钢丝绳	8

（二）选用原则

钢丝绳的选用应遵循下列原则：

1. 自升平台钢丝绳直径不应小于 8mm，安全系数不应小于 12；

2. 提升吊笼钢丝绳直径不应小于 12mm，安全系数不应小于 8；

3. 安装吊杆钢丝绳直径不应小于 6mm，安全系数不应小于 8；

4. 缆风绳直径不应小于 8mm，安全系数不应小于 3.5；

5. 能承受所要求的拉力，保证足够的安全系数；

6. 能保证钢丝绳受力后不发生扭转；

7. 具有耐疲劳，能承受反复弯曲和振动作用；

8. 具有较好的韧性和耐磨性能；

9. 与使用环境相适应：高温或多层缠绕的场合宜选用金属芯；高温、腐蚀严重的场合宜选用石棉芯；有机芯易燃，不适用于高温场合；

10. 必须有产品检验合格证。

（三）钢丝绳的运输及存储

1. 运输过程中，应注意不要损坏钢丝绳表面；

2. 绳应储存于干燥而有木地板或沥青、混凝土地面的仓库里，以免腐蚀。在堆放时，成卷的钢丝绳应竖立放置（即卷轴与地面平行），不得平放；

3. 必须露天存放时，地面上应垫木方，并用防水毡布覆盖。

（四）钢丝绳的松卷

在整卷钢丝绳中引出一个绳头并拉出一部分重新盘绕成卷时，松绳的引出方向和重新盘绕成卷的绕行应保持一致，不得随意抽取，以免形成圈套和死结。如图 2-5 所示。

(a)

图 2-5　松卷示意图

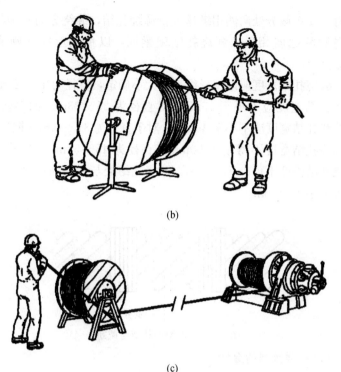

(b)

(c)

图 2-5 放出钢丝绳的正确方法（续）

（a）从绳卷上放绳；（b）从卷盘上放绳；

（c）控制绳张力，从卷盘底部向卷筒底部传送钢丝绳

1. 当由钢丝绳卷直接往起升机构卷筒上缠绕时，应把整卷钢丝绳架在专用的支架上，松卷时的旋转方向应与起升机构卷筒上绕绳的方向一致；卷筒上绳槽的走向应同钢丝绳的捻向适应。

2. 在钢丝绳松卷和重新缠绕过程中应避免钢丝绳与污泥接触，以防止钢丝绳锈蚀。

3. 钢丝绳严禁与电焊机线碰触。

（五）钢丝绳的截断

在截断钢丝绳时，宜使用专用刀具或砂轮锯截断，较粗钢丝绳可用乙炔切割，严禁采用电焊切割。如图 2-6 所示，截断钢丝

绳时，要在截分处两侧用绑丝进行缠绕扎结，缠绕方向必须与钢丝绳股的捻向相反，缠绕扎结须紧固，以免钢丝绳在断头处松散。

缠绕扎结宽度应以钢丝绳直径大小确定，直径为 15～24mm，缠绕扎结宽度应不小于 25mn；对直径为 25～33mm 的钢丝绳，其缠绕扎结宽度应不小于 40mm；对于直径为 31～44mm 钢丝绳，其缠绕扎结宽度不得小于 50mm；直径为 45～51mm 的钢丝绳，缠绕扎结长度不得小于 75mm。缠绕扎结处与截切断口之间的距离应不小于 50mm。

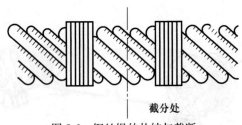

截分处

图 2-6　钢丝绳的扎结与截断

（六）钢丝绳的穿绕

钢丝绳的使用寿命，在很大程度上取决于穿绕方式是否正确，因此，要由训练有素的技工细心地进行穿绕，并应在穿绕时将钢丝绳涂抹润滑脂。

穿绕钢丝绳时，必须注意检查钢丝绳的捻向。如起升钢丝绳的捻向必须与起升卷筒上的钢丝绳绕向相反（即：钢丝绳捻向与卷筒旋向的对应关系）。

三、钢丝绳的绳端固定与连接

钢丝绳与其他零构件连接或固定应注意连接或固定方式与使用要求相符，连接或固定部位应达到相应的强度和安全要求。常用的连接和固定方式有以下几种，如图 2-7 所示。

注：在物料提升机上常用的绳端固定形式（卷扬机牵引绳、

缆风绳等绳端固定形式）主要采用图 2-7（e）钢丝绳固结中绳卡连接固定法与连接方法。

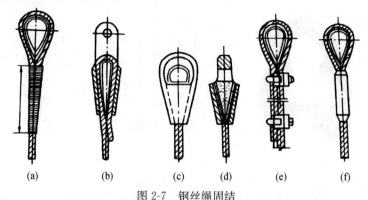

图 2-7 钢丝绳固结

(a) 编结连接；(b) 楔块、楔套连接；(c)、(d) 锥形套浇铸法；
(e) 绳卡连接；(f) 铝合金套压缩法

1. 楔块、楔套连接法。如图 2-7（b）所示，钢丝绳一端绕过模块，利用楔块在套筒内的锁紧作用使钢丝绳固定。固定处的强度约为绳自身强度的 75%～85%。楔套应用钢材制造，连接强度不小于 75% 钢丝绳破断拉力。

2. 锥形套浇铸法，如图 2-7（c）、（d）所示，先将钢丝绳拆散，切去绳芯后插入锥套内，再将钢丝绳末端弯成钩状，然后灌入熔融的铅液，最后经过冷却即成。

3. 编结连接法，如图 2-8 所示，编结长度不应小于钢丝绳直径的 15 倍，且不应小于 300mm；由于编结段破坏了原钢丝绳的捻制状态，其连接强度也应相应降低，其连接强度应不小于 75% 钢丝绳破断拉力。

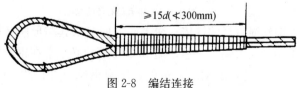

图 2-8 编结连接

4.绳卡卡接法

（1）绳卡，如图2-9所示。

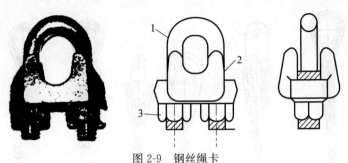

图2-9　钢丝绳卡

1—U形螺栓；2—鞍形座；3—螺母

（2）绳卡卡接法，如图2-10所示，绳卡连接简单、可靠，被广泛应用，绳卡数量应根据钢丝绳直径满足表2-3的要求；用绳卡（图2-10）固定时，应注意绳卡数量（表2-3）；绳卡间距必须

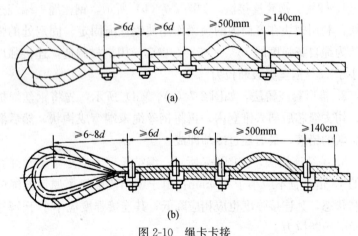

图2-10　绳卡卡接

（a）普通绳套；（b）带有鸡心环的绳套

大于等于钢丝绳直径的6倍；绳卡的方向要求其鞍形座必须卡在钢丝绳长端（受力端）一边，绳卡U形螺栓必须卡在钢丝绳短端（非受力端）一边，旋紧绳卡螺丝，压扁钢丝绳直径约1/3～1/4

为合适，并在末端绳卡前设置大于或等于 500mm 的安全弯；末端绳卡距绳头端头留有不得小于长度 140mm 的绳头。固定处绳端的连接强度不小于 85％钢丝绳破断拉力。

表 2-3 钢丝绳卡数量

绳卡规格（钢丝绳直径 mm）	＜18	18～26	26～36	36～44	44～60
绳卡数量（个）	3	4	5	6	7

① 鸡心环（桃形环、梨形环）

如图 2-11 所示，常见绳端固定形式有销轴、卸甲（卡环）等连接固定形式。为避免钢丝绳连接固定端头绳与销轴、卸甲（卡环）之间直接接触产生磨损或钢丝绳在弯曲处呈弧形产生折断等现象。故此，在绳套处加装设置鸡心环，从而防止固定端钢丝绳受到磨损或折断破坏。选用时应根据钢丝绳的直径选用相应规格的鸡心环。

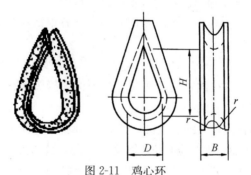

图 2-11 鸡心环

② 绳卡卡接（正确与错误判定）如图 2-12 所示。

5. 铝合金套压缩法，如图 2-7（f）所示，钢丝绳末端穿过锥形筒后松散钢丝，将头部钢丝弯成小钩，浇入金属液凝固而成。其连接应满足相应的工艺要求，固定处的强度与钢丝绳自身的强度大致相同。

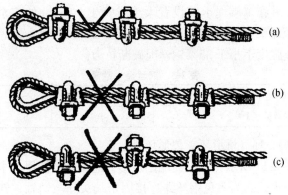

图 2-12　绳卡连接（正确与错误判定）
（a）正确；（b），（c）错误

四、钢丝绳的使用要求

1.钢丝绳在卷筒上，应按顺序整齐排列。

2.荷载由多根钢丝绳支承时，应设有各根钢丝绳受力的均衡装置。

3.用于主卷扬的牵引钢丝绳，不得使用以编结接长的钢丝绳。使用其他方法固定钢丝绳时，必须保证接头连接处强度不小于钢丝绳破断拉力的 85%。

4.起升高度较大的起重机，宜采用不旋转、无松散倾向的钢丝绳。采用其他钢丝绳时应有防止钢丝绳和吊具旋转的装置或措施。

5.当吊笼处于工作位置最低点时，钢丝绳在卷筒上的缠绕，除固定绳尾的圈数外，必不少于 3 圈安全圈。

6.应防止损伤、腐蚀或其他物理、化学因素造成的性能降低。

7.钢丝绳开卷时，应防止打结、扭曲，钢丝绳切断时，应有防止绳股散开的措施。

8.安装钢丝绳时，不应在不洁净的地方拖拉，也不应缠绕在其他的物体上，应防止划、磨、碾、压或过度弯曲。

9. 领取钢丝绳时，必须检查该钢丝绳的合格证，以保证钢丝绳的机械性能、规格符合设计要求。

10. 对日常使用的钢丝绳每天都应进行检查，包括对端部的固定连接、平衡滑轮、导向滑轮处的检查，并做出安全性的判断。

五、钢丝绳的检查

由于起重钢丝绳在使用过程中经常反复受到拉伸、弯曲，当拉伸、弯曲的次数超过一定数值后，会使钢丝绳出现一种叫"金属疲劳"的现象，于是钢丝绳开始很快地损坏。同时当钢丝绳受力伸长时钢丝绳之间产生摩擦，绳与滑轮槽底、绳与起吊件之间的摩擦等，使钢丝绳使用一定时间后就会出现磨损、断丝现象。此外，由于使用、储存不当，也可能造成钢丝绳的扭结、退火、变形、锈蚀、表面硬化和松股等。钢丝绳在使用期间，一定要按规定定期检查，及早发现问题，及时保养或者更换报废钢丝绳，保证钢丝绳的安全使用。钢丝绳的检查方法包括外部检查与内部检查两部分。

（一）钢丝绳外部检查

1. 直径检查：直径是钢丝绳极其重要的参数。通过对直径测量，可以反映该处直径的变化情况、钢丝绳是否受到过较大的冲击荷载、捻制时股绳张力是否均匀一致、绳芯对股绳是否保持了足够的支撑能力。钢丝绳直径应用带有宽钳口的游标卡尺测量。其钳口的宽度要足以跨越两个相邻绳股，如图 2-13 所示。

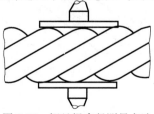

图 2-13　钢丝绳直径测量方法

2. 磨损检查

钢丝绳在使用过程中产生磨损现象不可避免。通过对钢丝绳磨损检查，可以反映出钢丝绳与匹配轮槽的接触状况，在无法随时进行性能试验的情况下，根据钢丝磨损程度的大小推测钢丝绳实际承载能力。钢丝绳的磨损情况检查主要靠目测。

3. 断丝检查

钢丝绳在投入使用后，肯定会出现断丝现象，尤其是到了使用后期，断丝发展速度会迅速上升。由于钢丝绳在使用过程中不可能一旦出现断丝现象即停止继续使用，因此，通过断丝检查，尤其是对个节距（捻距）内断丝情况检查，不仅可以推测钢丝绳继续承载的能力，而且根据出现断丝根数发展速度，间接预测钢丝绳使用疲劳寿命。钢丝绳的断丝情况检查主要靠目测计数。

节距（捻距）是指钢丝绳绳股每绕钢丝绳一周的相应点的距离，如图 2-14、图 2-15 所示。

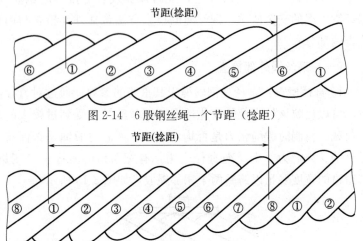

图 2-14　6 股钢丝绳一个节距（捻距）

图 2-15　8 股钢丝绳一个节距（捻距）

4. 润滑检查

通常情况下，新出厂钢丝绳大部分在生产时已经进行了润滑处理，但在使用过程中，润滑油脂会流失减少。鉴于润滑不仅能够对钢丝绳在运输和存储期间起到防腐保护作用，而且能够减少钢丝绳在使用过程中钢丝之间、股绳之间和钢丝绳与匹配轮槽之间的摩擦，对延长钢丝绳的使用寿命十分有益，因此，为把腐蚀、磨损对钢丝绳产生的危害降低到最低程度进行润滑检查是十分必要的。钢丝绳的润滑情况检查主要靠目测。

5. 表面磨损、腐蚀检查

钢丝绳在露天使用时，受天气气候的影响和通过滑轮、卷筒缠绳时对钢丝绳产生一定的磨损和腐蚀现象，一般采用目测的检查方法观察钢丝绳表面以及外层钢丝的磨损、腐蚀现象。绳的直径尺寸明显减小（丝径减小 25％属重）或各钢丝上被磨平面几乎连成一片，绳股轻微变平和钢丝明显变细（丝径减小 35％属很重）以及腐蚀点氧化更为明显聚集时（重度），钢丝表面已严重受氧化影响（很重）而出现深坑，钢丝相当松弛，即使没有断丝也应判定立即报废，如图 2-16 所示。

(a)   (b)

图 2-16 表面磨损、腐蚀

（二）钢丝绳内部检查

对钢丝绳进行内部检查要比外部检查困难得多，需要使用专用工具来完成检查的过程。但由于内部损坏（主要由锈蚀和疲劳引起的断丝）隐蔽性更大，因此，为保证钢丝绳安全使用，对适当的部位进行内部检查是非常必要的。

如图 2-17 所示，检查时将两个尺寸合适的夹钳相隔 100～200mm

夹在钢丝绳上反方向转动。股绳便会脱起，操作时，必须仔细，以避免股绳被过度移位造成永久变形（导致钢丝绳结构破坏）。

图 2-17　对一段连续钢丝绳做内部检验
（张力为零）

　　如图 2-18 所示，当向钢丝绳捻制相反方向扭动夹钳待绳股小缝隙出现后，用金属工具之类的探针拨动股绳，并把妨碍视线的油脂或其他异物拨开，对内部润滑、钢丝锈蚀、钢丝及钢丝间相互运动产生的磨痕等情况进行仔细检查。检查断丝，一定要认真，因为钢丝断头一般不会翘起而不容易被发现。检查完毕后，稍用力转回夹钳，以使股绳完全恢复到原来状态。如果上述过程操作正确，钢丝绳不会产生变形现象。

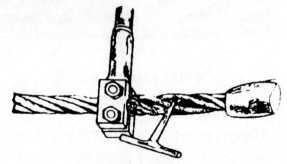

图 2-18　对靠近绳端装置的钢丝绳进行内部检验
（张力为零）

（三）钢丝绳使用条件检查

前面叙述的检查仅是对钢丝绳本身而言，这只是保证钢丝绳安全使用要求的一个方面。除此之外，还必须对与钢丝绳使用的外围条件——匹配轮槽的表面磨损情况、轮槽几何尺寸及转动灵活性进行检查，以保证钢丝绳在运行过程中与其始终处于良好的接触状态、运行摩擦阻力最小。

六、钢丝绳的报废

钢丝绳经过一定时间的使用，其表面的钢丝发生磨损和弯曲疲劳，使钢丝绳表层的钢丝逐渐折断，折断的钢丝数量越多，其他未断的钢丝承担的拉力越大，疲劳与磨损越甚，促使断丝速度加快，这样便形成恶性循环。当断丝发展到一定程度，保证不了钢丝绳的安全性能，届时钢丝绳不能继续使用，则应予以报废。

钢丝绳使用的安全程度由断丝的性质和数量、绳端断丝、断丝的局部聚集、断丝的增加率、绳股断裂、绳径减小、弹性降低、外部磨损、外部及内部腐蚀、变形、由于受热或电弧的作用而引起的损坏、伤痕等项目判定。对钢丝绳可能出现缺陷的典型示例，按《起重机钢丝绳保养、维护、检验和报废》GB/T5972—2016 规定执行。

（一）钢丝绳的报废标准

钢丝绳在使用中，出现下列情况之一时应立即报废更换：

1. 钢丝绳断丝现象严重。建筑卷扬机起重钢丝绳按起重量（一般在 2～5t）设计选用钢丝绳。在作业中，当出现在规定长度范围内断丝数达到表 2-4 中情形时，钢丝应报废。

表 2-4　钢丝绳断丝数

钢丝绳结构形式	钢丝绳长范围	钢丝绳规格	
		6×19 (12/6/1)	6×37 (18/12/6/1)
交互捻	6d	10	19
	30d	19	38
同向捻	6d	5	10
	30d	10	19

举例说明：钢丝绳 18 NAT 6（9+9+1）+NF 1770 ZS 190

（1）表中的断丝绳长度范围 6d：指的是 6 倍的钢丝绳直径（d 是钢丝绳直径），根据每股钢丝数的多少（每股有 19 丝、37 丝等）对应计算。

即：6×18=108m 范围（约 10m 绳长范围），若每股为 19 丝的，捻向"2S"为右交互捻，则断丝数达到 10 根，即报废（若是同向捻"ZZ"或左同向捻"SS"时，则断丝数达到 5 根，即报废）。

（2）表中的断丝绳长范围 30d：指的是 30 倍的钢丝绳直径。（d 是钢丝绳直径）

即：30×18=540mm 范围（约 550mm 绳长范围），若每股为 19 丝的，捻向"ZS"为右交互捻，则断丝达到 19 根，即报废。（若是同向捻"Zz"或左同向捻"Ss"时，则断丝数达到 10 根，即报废）。

2. 断丝局部聚集。当断丝聚集在小于 6d 的绳长范围内，或集中在任一绳股中，即使断丝数少于表中的数值，也应报废。

3. 钢丝绳表面磨损或锈蚀严重。当外层钢丝的直径受磨损或锈蚀而减小 40% 时应报废（注意：是外层钢丝的直径，不是钢丝绳的直径）。

4. 当钢丝绳直径相对公称直径（即：设计规格或标准）减小

7%时，应报废。

5. 钢丝绳失去正常状态，产生以下变形时，应报废。即：出现波浪形；笼状畸变；绳股挤出；钢丝挤出；直径局部增大；绳芯外露；直径局部减少；部分被压扁；严重扭结；严重弯折等现象。

钢丝绳失去正常形状产生可见的畸形称为"变形"。这种变形会导致钢丝绳内部应力分布不均匀。钢丝绳的变形从外观上区分，主要可分下述几种：

(1) 波浪形，波浪形的变形是钢丝绳的纵向轴线呈螺旋线形状，如图 2-19 所示。这种变形不一定导致任何强度上的损失，但如变形严重即会产生跳动造成不规则的传动。时间长了会引起磨损及断丝。出现波浪形时，在钢丝绳长度不超过 $25d$ 的范围内，若 $d_1 \geqslant 4d/3$（式中 d 为钢丝绳的公称直径；d_1 是钢丝绳变形后包络的直径），则钢丝绳应报废。

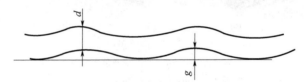

图 2-19　波浪形钢丝绳

d—钢丝绳公称直径；g—间隙

(2) 笼状畸变，这种变形出现在具有钢芯的钢丝绳上，当外层绳股发生脱节或者变得比内部绳股长的时候就会发生这种变形，如图 2-20 所示。笼状畸变的钢丝绳应立即报废。

图 2-20　笼状畸变

（3）绳股挤出，这种变形通常伴随笼状畸变一起产生，如图2-21所示。绳股被挤出说明钢丝绳不平衡。绳股挤出的钢丝绳应立即报废。

图 2-21　绳股挤出

（4）钢丝挤出，此种变形是一部分钢丝或钢丝束在钢丝绳背着滑轮槽的一侧拱起形成环状，如图2-22（a）所示，这种变形常因冲击荷载而引起。若此种变形严重时，如图2-22（b）所示，则钢丝绳应报废。

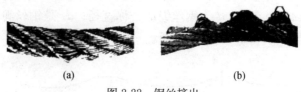

(a)　　　　　　　　　　　(b)

图 2-22　钢丝挤出

(a) 钢丝从股中挤出；(b) 钢丝从多股中挤出

（5）绳径局部增大，如图2-23所示。钢丝绳直径有可能发生局部增大，并能波及相当长的一段钢丝绳。绳径增大通常与绳芯畸变有关，如图2-23（a）所示，是由钢芯畸变引起的绳径局部增大；如图2-23（b）所示，是由纤维芯因受潮膨胀引起绳径局部增大。绳径局部增大的必然结果是外层绳股产生不平衡，而造成定位不正确，应报废。

(a)　　　　　　　　　　　(b)

图 2-23　绳径局部增大

(a) 由钢芯畸变引起；(b) 由纤维芯变质引起

（6）扭结，是由于钢丝绳呈环状在不可能绕其轴线转动的情况下被拉紧而造成的一种变形，如图 2-24 所示。其结果是出现捻距不均而引起格外的磨损，严重时钢丝绳将产生扭曲以致只留下极小一部分钢丝绳强度。如图 2-24（a）所示，是由于钢丝绳搓捻过紧而引起纤维芯突出；如图 2-24（b）所示，是钢丝绳在安装时已扭结，安装使用后产生局部磨损及钢丝绳松弛。严重扭结的钢丝绳应立即报废。

(a)　　　　　　　　　　(b)

图 2-24　扭结

（a）纤维芯突出；（b）钢丝绳松弛

（7）绳径局部减小，如图 2-25 所示，钢丝绳直径的局部减小常常与绳芯的断裂有关，应特别仔细检查靠绳端部位有无此种变形。绳径局部严重减小的钢丝绳应报废。

图 2-25　绳径局部减小

（8）部分被压扁，如图 2-26 所示，钢丝绳部分被压扁是由于机械事故造成的。严重时则钢丝绳应报废。

(a)　　　　　　　　　　(b)

图 2-26　钢丝绳被压扁

（a）部分被压扁；（b）多股被压扁

（9）弯折，如图 2-27 所示，弯折是钢丝绳在外界影响下引起的角度变形。这种变形的钢丝绳应立即报废。

图 2-27　弯折

（10）由于受热或电弧的作用而引起的损坏。钢丝绳经受特殊热力作用其外表出现颜色变化时应报废。

（二）绳端检查

1. 绳端断丝

当绳端或其附近出现断丝时，即使数量很少也表明该部位应力很高，可能是由于绳端安装不正确造成的，应查明损坏原因。如果绳长允许，应将断丝的部位切去重新合理安装固定。

2. 断丝的局部聚集

如果断丝集中在某一股中或在一个节距（捻距）内的断丝数形成局部聚集，则钢丝绳应报废。如这种断丝聚集在小于 $6d$ 的绳长范围内，或者集中在任一绳股里，那么，即使断丝数比表 2-4 的数值少，钢丝绳也应予报废。

（三）钢丝绳的维护和保养

钢丝绳是物料提升机的重要部件之一，运行时钢丝绳受弯曲缠绕次数频繁，由于提升机经常启动、制动及偶然急停等情况，钢丝绳不但要承受静荷载，同时还要承受动荷载的冲击。在日常使用中，要加强维护和保养以确保钢丝绳的正常良好的状态，保证使用安全。

钢丝绳的维护保养，应根据钢丝绳的用途、作业环境和种类来确定。在可能允许的情况下，应对钢丝绳进行适时清洗并涂抹润滑油或润滑脂，以降低钢丝之间的摩擦损耗，同时保持表面不锈蚀。钢丝绳的润滑应根据生产厂家的要求进行，润滑油或润滑脂应根据生产厂家的说明书选用。

钢丝绳内原有油浸麻芯或其他油浸绳芯，使用时油逐渐外渗，一般不需要在表面涂油，如果使用日久和使用场合条件较差，有腐蚀气体，温（湿）度较大，则容易引起钢丝绳表面锈蚀腐烂，必须定时涂抹润滑油脂。但涂抹油脂应适量，用量不可太多，使润滑油在钢丝绳表面能有渗透进绳芯的效果即可。如果润滑过度，将会造成摩擦系数显著下降而产生在滑轮中打滑现象。

润滑前，应将钢丝绳表面上积存的污垢和铁锈清除干净，最好是用镀锌钢丝刷清理。钢丝绳表面越干净，润滑油脂就越容易渗透到钢丝绳内部去，润滑效果就越好。

钢丝绳润滑的方法有刷涂法和浸涂法。刷涂法就是人工使用专用的刷子，把加热的润滑脂涂刷在钢丝绳的表面上，浸涂法就是将润滑脂加热到 60℃，然后使钢丝绳在容器内熔融状态的润滑脂中缓慢地通过，来实现润滑的效果会更好。

资源-钢丝绳典型缺陷实例（二维码）

第二节　卸扣

卸扣（卡环、卸甲），是起重作业中广泛使用的连接工具，它与钢丝绳等索具配合使用操作简单方便。

一、卸扣的分类

如图 2-28 所示，卸扣按其外形分为直形［如图 2-28（a）所示］和椭圆形［如图 2-28（b）所示］。按活动销轴的形式可分为销子式和螺栓式，销轴的几种形式如图 2-29 所示。

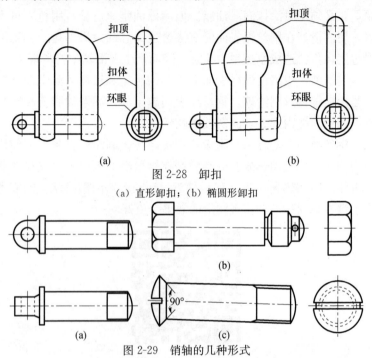

图 2-28　卸扣

（a）直形卸扣；（b）椭圆形卸扣

图 2-29　销轴的几种形式

（a）W 形，带有环眼和台肩的螺纹销轴；（b）X 形，六角头螺栓、六角螺母和开口销；（c）Y 形，沉头螺钉

二、卸扣使用注意事项

（一）使用注意事项

1. 卸扣必须是锻造的，一般是用 20 号钢锻造后经过热处理而制成的，以便消除残余应力和增加其韧性，不能使用铸造和补焊的卡环。

2. 使用时不得超过规定的荷载，使用卡环时应使销轴与 U 形环底纵向受拉，严禁侧向（横向）受拉，防止造成环体变形，如图 2-30 所示。

3. 吊装时使用卸扣绑扎，在吊物起吊时应使扣顶在上销轴在下，如图 2-30 所示，使绳扣受力后压紧销轴，销轴因受力，在销孔中产生摩擦力，使销轴不易脱出。

4. 不得从高处往下抛掷卸扣，以防止卸扣落地碰撞而变形和内部产生损伤及裂纹。

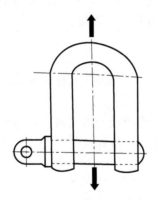

图 2-30　卡环受力方向

（二）卸扣使用（正确与错误判定）

卸扣的使用如图 2-31 所示。

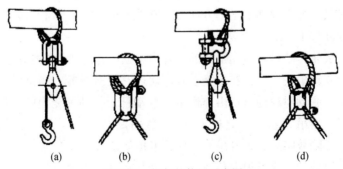

图 2-31　卸扣的使用示意图

（a）、（b）使用方法正确；（c）、（d）使用方法错误

（三）卸扣的报废标准

卸扣出现以下情况之一时，应予报废。

1. 用 20 倍放大镜观察环体表面有裂纹；
2. 环体表面出现永久性塑性变形和深度划痕；
3. U 形环底和销轴（挂绳处）磨损程度达到原尺寸的 3%～5%；
4. U 形环开口度增大，封闭销轴长度明显不足；
5. 封闭销轴螺纹损坏或脱扣。

第三节　滑轮、滑车和滑车组

滑轮、滑车和滑车组是起重吊装、搬运作业中较常用的起重工具。滑车一般由吊钩（链环）、滑轮、轴、轴套和夹板等组成。

一、滑轮

物料提升机卷扬机中的滑轮是用于改变钢丝绳运动方向的，装设位置有地轮、天轮、联动滑轮等。就滑轮的功能而言，可分为支承导轮和平衡滑轮。

地轮：装设在从卷筒下方引出的钢丝绳绕过的第一个滑轮，通过其改变钢丝绳的运动方向。地轮应独立设置，严禁安装在门架或井架上。

天轮：装设在自动平台的提升横梁上，起定滑轮的作用。

联动滑轮：装设在吊笼上方，通过它提升吊笼，当钢丝绳破断时，联动滑轮随自重由弹簧牵动联动杆，带动吊笼上的双保险卡板，使吊笼悬挂于立柱上任一位置的水平杆上，防止吊笼坠落。排除故障后，提升吊笼，保险卡板复位。

滑轮的材质是根据负荷大小和滑轮尺寸的大小分别采用灰铸铁、球墨铸铁及铸钢等制成。由于铸造滑轮的生产工艺、工序复杂、自重大、造价比较高，在润滑情况不良时转动不灵活，加大了钢丝绳的损害，所以现在多用钢板压模或焊制滑轮。焊制滑轮的优点在于：结构简单、自重轻、质量稳定、精度高、轮槽表面光滑耐用，有利于提高滑轮、钢丝绳的使用寿命。

选用滑轮应考虑滑轮直径与钢丝绳直径相匹配，滑轮轮槽深度、轮槽底圆曲率半径以及轮槽夹角等参数值均有明确规定。

焊制滑轮直径的选用原则，一般取钢丝绳直径的 20～25 倍，增大滑轮直径可以减小钢丝绳的弯曲应力，随着钢丝绳与轮槽接触面积增大，减小了钢丝绳和轮槽的挤压应力。因此，为了保证钢丝绳的足够寿命，选择滑轮直径应根据设计要求。

如当钢丝绳直径为 18mm 时，则选用与之配合的滑轮的最小直径应为 $18×18＝324mm$，即滑轮直径不应小于 324mm。

钢丝绳绕进或绕出滑轮的偏斜角度应不大于 2°，如图 2-32 所示。

图 2-32　滑轮的偏斜角度

（一）滑轮的安全技术要求

滑轮在使用中容易出现的故障有：

1. 滑轮不转或转动不灵活，滑轮轮槽磨损不均匀，是产生钢丝绳磨损过快，降低钢丝绳使用寿命的重要原因之。

2. 滑轮的轮槽槽底磨损过大，使其直径减小，加大了钢丝绳接触弯曲应力，致使钢丝易产生疲劳折断。所以在使用滑轮时应注意以下几个方面：

（1）滑轮的直径与钢丝绳直径的比值不得小于规定值（钢丝绳直径的 30 倍）。

（2）滑轮的轴承安装、调整不应过紧，使滑轮转动灵活，且保持良好的润滑。

（3）滑轮绳槽应光洁平整，不得有损伤钢丝绳的缺陷。

（4）动、定滑轮应有防钢丝绳脱槽装置。

（二）滑轮的报废标准

滑轮出现下列情况之一的，应予以报废：

1. 用 20 倍放大镜观察表面有裂纹现象；

2. 滑轮两侧翼缘出现破损现象；

3. 滑轮绳槽壁厚磨损量达原壁厚的 20%；

4. 滑轮绳槽槽底的磨损量超过相应钢丝绳直径的 25%。

二、滑车

（一）滑车的种类

滑车按滑轮的多少，可分为单门（一个滑轮）、双门（两个滑轮）和多门等几种；按连接件的结构形式不同，可分为吊钩型、链环型、吊环型和吊梁型四种；按滑车的夹板形式分，有开口滑车和闭口滑车两种等，如图 2-33 所示。开口滑车的夹板可以打开，便于装入绳索（注：《龙门架及井架物料提升机安全技术规范》JGJ88—2010 中规定物料提升机禁止使用开口拉板式滑车）。

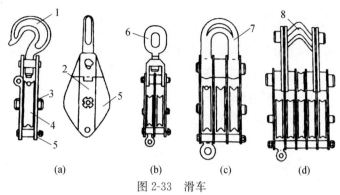

图 2-33　滑车

（a）单门开口吊钩型；（b）双门闭口链环型

（c）三门闭口吊环型；（d）三门吊梁型

1—吊钩；2—拉板；3—轴；4—滑轮；5—夹板；6—链环；7—吊环；8—吊梁

物料提升机上采用的滑车一般都是单门，常用在拔杆脚等处作导向用。滑车按使用方式不同，又可分为定滑车和动滑车两种，定滑车在使用中是固定的，可以改变用力（牵引绳）的方向，但不能省力；动滑车在使用中是随着重物（吊笼）移动的，它能省力，但不能改变力（牵引绳）的方向。

（二）滑车的允许荷载

滑车的允许荷载。可根据滑轮和轴的直径确定。一般滑车上都有标明，使用时应根据其标定的数值选用，同时滑轮直径还应与钢丝绳直径匹配（一般情况下，穿钢丝绳的滑轮槽直径比绳直径大 $1\sim2.5mm$）。

双门滑车的允许荷载为同直径单门滑车允许荷载的两倍，三门滑车为单门滑车的三倍。同样，多门滑车的允许荷载就是它的各滑轮允许荷载的总和。因此，如果知道某个四门滑车的允许荷载为 2000kg，则其中一个滑轮的允许荷载为 5000kg，即对于这四轮滑车，若工作中仅用一个滑轮，只能负担 5000kg，用两个，只能负担 10000kg，只有四个滑轮全用时才能负担 20000kg。

三、滑车组

滑车组是由一定数量的定滑车和动滑车及绕过它们的绳索组成的简单起重工具。它能省力也能改变力的方向。

（一）滑车组的种类

滑车组根据跑头引出的方向不同，可以分为跑头自动滑车引出和跑头自定滑车引出两种，如图 2-34 所示。

牵引绳跑头自动滑车引出，这时用力的方向与重物移动的方向一致，如图 2-34（a）所示；牵引绳跑头自定滑车引出，这时用力的方向与重物移动的方向相反，如图 2-34（b）所示。在采用多门滑车进行吊装作业时常采用双联滑车组，如图 2-34（c）所示，双联滑车组有两个跑头。

可用两台卷扬机同时牵引，其速度快一倍，滑车组受力比较均衡，滑车不易倾斜。

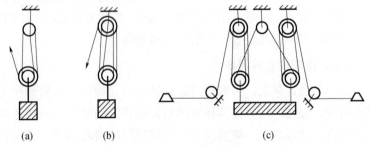

(a)　　　　　(b)　　　　　　　　　(c)

图 2-34　滑车组的种类

（a）跑头自动滑车引出；（b）跑头自定滑车引出；（c）双联滑车组

（二）滑车及滑车组使用注意事项

1. 使用前应查明标定的允许荷载，检查滑车的轮槽、轮轴、夹板、吊钩（链环）等有无裂缝和损伤，滑轮转动是否灵活。

2. 滑车组绳索穿好后，要慢慢地加力，绳索收紧后应检查各部分是否良好，有无卡绳现象。

3. 滑车的吊钩（链环）中心，应与吊物的重心在一条垂线上，以免吊物起吊后不平稳，滑车组上下滑车之间的最小距离应根据具体情况而定，一般为 700～1200mm。

4. 滑车在使用前、后都要刷洗干净，轮轴要加油润滑，防止磨损和锈蚀。

5. 为了提高钢丝绳的使用寿命，滑轮直径最小不得小于钢丝绳直径的 16 倍。

第四节　吊装带

一、吊装带范围

《编织吊索 安全性 第 2 部分：一般用途合成纤维圆形吊装带》JB/T 8521—2007 规定了由聚酰胺、聚酯和聚丙烯合成纤维材料制成的圆形吊装带（以下简称吊装带），最大极限工作荷载可达 100t。垂直提升时以及两肢、三肢、四肢吊装带（带或不带端配件）的定级和试验方法。

1. 吊装带适用于一般材料和物品提升作业。

2. 吊装带未涉及的提升作业包括：提升人、有潜在危险的物品。如：熔融的金属、酸、玻璃板、易碎物品、核反应堆、以及特殊环境下的提升作业。

3. 本部分的吊装带适用于在以下温度范围内使用和贮存：

（1）聚酯、聚酰胺：－40～100℃；

（2）聚丙烯：－40～80℃。

4. 本部分不适用于以下类型的吊装带：

（1）用于在托台和平台上或车辆中将货物固定或捆扎在一起的吊装带；

（2）无填充物的管状吊装带。

二、吊装带安全要求

（一）材料

吊装带的材料应完全由工业丝制成，并经制造商确认所用材料易于牵引，热稳定性良好，其断裂强度不低于 60cN/tex（厘牛/特克斯），吊装带的主要材料有以下几种：

——聚酰胺（PA），高韧性多纤维丝；

——聚酯（PES），高韧性多纤维丝；

——聚丙烯（PP），高韧性多纤维丝。

（二）承载芯

承载芯应由一束或多束母材相同的丝束缠绕而成（丝束的最小缠绕圈数为 11 圈），丝束在末端连接形成无极束。各丝束的缠绕方式应相同，以确保均匀承载。任一搭接接头应至少相隔 4 圈丝束，且在每一接头处应多缠一圈作为补偿（如图 2-35 所示）。

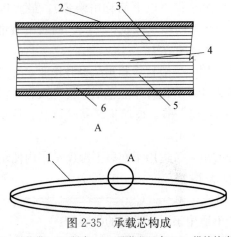

图 2-35　承载芯构成

1—吊装带；2—封套；3—承载芯丝束；4—搭接接头；

5—接头最少间隔 4 圈；6—丝束两端在一起构成无极丝束

（三）封套

封套应由母材相同的纤维丝编织而成，纤维丝的材料与承载芯相同。封套的半成品封套两端交叠，缝在一起。在切割时，应保证封套的两端纤维不松散。如果采用熔断法下料，应确保不影响承载芯强度。应对封套材料进行处理，以形成封闭表面。

注：这些处理可以防止封套磨损和磨损性物质进入封套，还可用于对编织材料或/纤维丝进行处理。

（四）缝合

所有缝合线的材料应与封套和承载芯的母材相同，且应使用带锁边的缝纫机进行缝合。

注：可采用与吊装带其他部分不同颜色的缝线进行缝合，以便于制造商和使用者进行检查和验收。

（五）有效工作长度

吊装带水平放置，并用手拉直时，用分度值为 1mm 的钢卷尺或钢直尺测量，其有效工作长度（EWL）L_1（图 2-36）偏差不应超过名义长度的 ±2%。

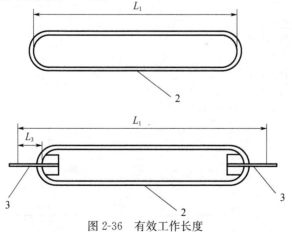

图 2-36　有效工作长度

1—有效工作长度（L_1）；2—吊装带；3—整体端配件（L_3）。

（六）颜色标识

吊装带封套的颜色应按表 2-5 执行，封套耐摩擦沾色牢度应不低于 GB/T251—2008 中的 3 级，不同的颜色代表不同的极限工作荷载。表 2-5 中未列出极限工作荷载的吊装带，其颜色不应与表 2-5 规定的颜色相同。

表 2-5　极限工作荷载和颜色

吊装带垂直提升时带的极限工作荷载（t）	吊装带部件颜色	极限工作荷载 t								
		垂直提升	扼圈式提升	吊篮式提升			两肢吊索		三肢和四肢吊索	
				平行	$\beta=0°\sim45°$	$\beta=45°\sim60°$	$\beta=0°\sim45°$	$\beta=45°\sim60°$	$\beta=0°\sim45°$	$\beta=45°\sim60°$
		$M=1$	$M=0.8$	$M=2$	$M=1.4$	$M=1$	$M=1.4$	$M=1$	$M=2.1$	$M=1.5$
1.0	紫色	1.0	0.8	2.0	1.4	1.0	1.4	1.0	2.1	1.5
2.0	绿色	2.0	1.6	4.0	2.8	2.0	2.8	2.0	4.2	3.0
3.0	黄色	3.0	2.4	6.0	4.2	3.0	4.2	3.0	6.3	4.5
4.0	灰色	4.0	3.2	8.0	5.6	4.0	5.6	4.0	8.4	6.0
5.0	红色	5.0	4.0	10.0	7.0	5.0	7.0	5.0	10.5	7.5
6.0	棕色	6.0	4.8	12.0	8.4	6.0	8.4	6.0	12.6	9.0
8.0	篮色	8.0	6.4	16.0	11.2	8.0	11.2	8.0	16.8	12.0
10.0	橙色	10.0	8.0	20.0	14.0	10.0	14.0	10.0	21.0	15.0
12.0	橙色	12.0	9.6	24.0	16.8	12.0	16.8	12.0	25.2	18.0
15.0	橙色	15.0	12.0	30.0	21.0	15.0	21.0	15.0	31.5	22.5
20.0	橙色	20.0	16.0	40.0	28.0	20.0	28.0	20.0	30.0	30.0
25.0	橙色	25.0	20.0	50.0	35.0	25.0	35.0	25.0	52.5	37.5
30.0	橙色	30.0	24.0	60.0	42.0	30.0	42.0	30.0	63.0	45.0
40.0	橙色	40.0	32.0	80.0	56.0	40.0	56.0	40.0	84.0	60.0
50.0	橙色	50.0	40.0	100.0	70.0	50.0	70.0	50.1	105.0	75.0
60.0	橙色	60.0	48.0	120.0	84.0	60.0	84.0	60.0	126.0	90.0
80.0	橙色	80.0	64.0	160.0	112.0	80.0	112.0	80.0	168.0	120.0
100.0	橙色	100.0	80.0	200.0	140.0	100.0	140.0	100.0	210.0	150.0

注：$M=$ 对称承载的方式系数，吊装带或吊装带零件的安装公差：垂直方向为 6°。

（七）极限工作荷载

对于某一组合形式或使用方式，吊装带或组合多肢吊装带的极限工作荷载（WLL）应等于垂直提升时吊装带的极限工作荷载乘以相应的方式系数 M（根据表 2-5 选取）。

（八）破断力

按照附录 A 的规定进行试验时，吊装带的最小破断力应为 6 倍极限工作荷载，而封套的最小破断力不低于 2 倍极限工作荷载。除非所有同类型的吊装带都进行相同的预加荷载，否则不应在试验前对其预加荷载。

（九）吊装带的端配件

1. 端配件的质量等级应由供需双方协商确定。

2. 按附录 A 的规定进行试验时，端配件与吊装带的连接应保证：

（1）吊装带与端配件相接触的区域没有损坏；

（2）吊装带应能承受施加的荷载。

3. 安装焊接端配件时应使焊缝在吊装带使用过程中可以看见。

（十）防止锐利边缘和/或损伤吊装带的加强及保护措施

1. 在吊装带上施加耐久性加固物时，应将其熔铸在吊装带上，或在吊装带上缝制一块保护材料或护套保护织带。

2. 护套应为管状，以便能将其自由套在缝制织带部件需要保护的部位。

注：护套的材料可以是织带、织物、皮革以及其他耐用材料。

三、安全要求的验检

（一）检验人员

所有试验及检验应由检验人员完成。

（二）型式试验

1. 应按照《编织吊索　安全性　第 2 部分：一般用途合成纤维圆形吊装带》(JB/T8521.2) 的规范要求检测每种类型或每种结构的首件吊装带样品的极限工作荷载（材料更改时也应进行检测）。

试验时，如果吊装带样品的承载力达不到 6 倍极限工作荷载，但不小于 6 倍极限工作荷载的 90%，则应另外抽取 3 件同种类型的吊装带样品进行试验。如果有 1 件或更多件的承载力仍达不到 6 倍极限工作荷载，则判定此种类型的吊装带不符合本部分规定。

2. 应按照《编织吊索　安全性　第 2 部分：一般用途合成纤维圆形吊装带》(JB/T8521.2) 的规范要求对每种类型或每种结构的首件带整体端配件的吊装带样品进行试验，以确认吊装带与其端配件的连接是否符合要求。

试验时，如果吊装带样品的承载力达不到 2 倍极限工作荷载，但不小于规定值的 90%，则应另外抽取 3 件同种类型的吊装带样品进行试验。如果有一件或更多件的承载力仍达不到 2 倍极限工作荷载，则判定此种类型的吊装带不符合本部分规定。

（三）制造试验体系

1. 制造试验体系应符合《质量管理体系　要求》GB/T19001 的质量管理体系要求并取得具有资质的认证机构认证。

如果以上体系已在运行中，制造试验体系应按 2 执行，否则按 3 执行。

2. 制造商具备符合《质量管理体系　要求》GB/T19001 质量管理体系时进行的生产试验。

如果制造商具备符合《质量管理体系　要求》(GB/T19001) 质量管理体系生产制造时，应至少按照达到表 2-6 中规定生产量的时间或两年选出一些吊装带进行试验（时间间隔取两者中较短的时间），选定的吊装带应按照 2-6 的规定检验极限工作荷载。

表 2-6　最大极限工作荷载（一）

吊装带垂直提升极限工作荷载（t）	两次试验之间每种类型生产量的最大值（件）
≤3	1000
>3	500

试验时，如果吊装带样品的承载力达不到 6 倍极限工作荷载，但不小于 6 倍极限工作荷载的 90％，则应另外抽取三件同种类型的吊装带样品进行试验。如果有一件或更多件的承载力达不到 6 倍极限工作荷载，则判定此种类型的吊装带不符合本部分规定。

3. 制造商不具备符合《质量管理体系　要求》GB/T19001 质量管理体系时进行的生产试验

如果制造商不具备符合《质量管理体系　要求》GB/T 19001 质量管理体系生产制造时，应至少按照达到表 2-7 中规定生产量的时间或一年选出一些吊装带进行试验（时间间隔取两者中较短的时间），选定的吊装带应按照 2-7 的规定检验极限工作荷载。

表 2-7　最大极限工作荷载（二）

吊装带垂直提升极限工作荷载（t）	两次试验之间每种类型生产量的最大值（件）
≤3	500
>3	250

试验时，如果吊装带样品的承载力达不到 6 倍极限工作荷载，但不小于 6 倍极限工作荷载的 90％，则应另外抽取三件同种类型的吊装带样品进行试验。如果有一件或更多件的承载力仍达不到 6 倍极限工作荷载，则判定此种类型的吊装带不符合本部分规定。

（四）目测或手工检查

应对每件吊装带或组合多肢吊装带成品进行目测或手工检

查，包括测量主要尺寸。如果发现吊装带有任何不符合安全要求的隐患或发现任何缺陷，则该吊装带应予报废。

（五）试验和检验记录

制造商应保留一份有关所有试验和检验结果的记录，以备查验和参考。

四、标识

（一）总则

吊装带应包括如下标识：

1. 垂直提升时的极限工作荷载；

2. 吊装带的材料，如聚酯、聚酰胺和聚丙烯；

3. 端配件等级；

4. 名义长度，单位：m；

5. 制造商名称、标志、商标或其他明确的标识；

6. 可查询记录（编码）；

7. 执行的标准号。

（二）标签

1. 应在耐用的标签上（标签直接固定在吊装带上）清晰永久地标示出总则中规定的信息。标签字体的高度不应小于 1.5mm。应将标签的一部分缝到吊装带的封套内。典型的标签样式参见图 2-37、图 2-38，为标签的典型固定方式。

2. 吊装带的材料应通过标签的颜色进行标识，以下为吊装带材料及对应的标签颜色。

——聚酰胺：绿色；

——聚酯：蓝色；

——聚丙烯：棕色。

（三）组合多肢吊装带的标识

以下要求适用于两肢、三肢或四肢吊装带：

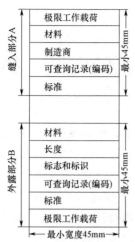
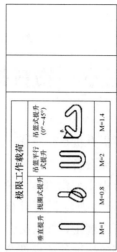

图 2-37　典型的标签样式

1. 标签外露部分的背面可另外注明不同使用方式下吊装带的极限工作荷载。

2. 图 2-37 示范了标签固定在吊装带上的方式。

3. 法规标识（认证标识）在标签上任何可见处标明。

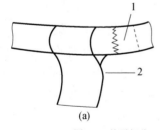
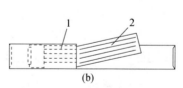

图（a）外露部分 1—套管缝合；2—活动标签；

图（b）缝入部分 1—标签缝入部分；2—标签外露部分。

图 2-38　标签的典型固定方式

1. 标识应为易于识别的耐久性标签（如圆形标签），标签应固定在主链环上，以便与其他类型吊装带相区别。

2. 吊装带的标识内容应包括任一索肢在使用时与竖直方向的最大夹角。

3. 每一索肢的标签不应显示极限工作荷载。

第三章　物料提升机的安装、拆卸

物料提升机是建筑施工现场用来进行运输的一种简易垂直起重运输机械设备，用以建筑施工中的砖、瓦、砂浆、混凝土等建筑材料及中小型构（配）件的垂直运输和设备安装等施工环节。《龙门架及井架物料提升机安全技术规范》JGJ88—2010（下称《规范》）中规定，物料提升机的架体设计、加工制造必须采用型钢材料制成标准件或标准节装成物料提升机整体架体，到施工现场由持有专业拆装单位按照设计图纸和使用说明书进行组装。

第一节　物料提升机基本概述及分类

物料提升机的组成是由底架（地梁）、门架或井架立柱（标准节）、横梁（天梁）、吊笼（篮）、自升平台、联动滑轮、附着装置及安全防护门等组成。其特点是，安装拆卸简单、周转场地运输方便、费用低（不论是整机购买还是以租赁形式价格较低廉）。

一、基本概述

（一）底架（地梁）

由型钢拼焊而成，它将立柱连成一体，同时又是整机的支撑基础。

（二）门架

龙门架式架体的结构形式是由两个桁架立柱（可互换的标准

节立柱）和一根横梁（天梁）组成，横梁架设在立柱的顶部，与立柱组成形如"门框"形的架体，称为"龙门架式物料提升机"。

（三）井架

井架式架体的架体结构是由四个型钢带有连接耳板的立柱和多个水平杆件及斜杆件（带有连接耳孔）组合成的整体架体，从架体的水平截面上看似像一个"井"字，因此称为"井架式物料提升机"，天梁是安装在架体顶部的横梁、支承顶端滑轮的结构件。

（四）吊笼

物料提升机是在龙门架或井架架体空间内配置装载物料的起重承载容器，如吊笼、吊篮或吊斗等运动部件。

（五）自升平台

自升平台是改变门架起升高度的机构，同时也起提升横梁的作用，把两根立柱始终连成一个整体架。自升平台上装有起升滑轮、套架、手动倒链、扒杆，利用扒杆增减标准节，利用手动倒链实现平台升降。

（六）联动滑轮

安装在吊笼上方，通过它提升吊笼。当钢丝绳破断时，联动滑轮随自重下落，由弹簧牵动联动杆，带动吊笼上的双保险卡板，使吊笼悬挂于立柱的任一水平杆位置上，以防止坠笼。故障排除后，提升吊笼，保险卡复位，吊笼即可正常工作。

（七）附着装置

附着装置是架体稳定的保证措施，一般有两种方式，当建筑主体结构未建造时，采用缆风绳与地锚的方法；当建筑物主体已形成时，可采用连墙杆与建筑结构连接的方法（或叫附墙装置）。

注：当架体高度大于30m以上的高架提升机严禁采用缆风绳拉结，必须采用刚性附墙装置拉结稳固架体。

（八）安全防护门

1. 物料提升机地面进料口应设置防护围栏；围栏高度不应小于 1.8m，围栏立面可采用网板结构，强度应在其任意 500mm^2 的面积上作用 300N 的力，在边框任意一点作用 1kN 的力时，不应产生永久变形。

2. 进料口门的开启高度不应小于 1.8m，强度应在其任意 500mm^2 的面积上作用 300N 的力，在边框任意一点作用 1kN 的力时，不应产生永久变形；进料口防护门应装有电气连锁安全开关，吊笼应在进料口门关闭后才能启动。

二、分类

（一）按架体结构分类

根据架体的结构形式，物料提升机可分为门架式物料提升机和井架式物料提升机两大类。

（二）按吊笼分类

按吊笼数量分类，物料提升机可分为单笼和双笼两类。

（三）按安装高度分类

按安装高度，物料提升机可分为低架物料提升机和高架物料提升机两类。

（1）低架。吊笼提升高度在 30m 以下（含 30m）称为低架物料提升机。

（2）高架。吊笼提升高度在 30～80m 之间称为高架物料提升机。

注：《龙门架及井架物料提升机安全技术规范》JGJ88—2010 中规定，低架物料提升机可采用刚性（附墙架）附墙拉结或采用缆风绳等措施来稳固架体；高架物料提升机必须采用刚性（附墙架）附墙拉结，禁止采用缆风绳形式稳固架体。

资源-物料提升机分类及实物图（二维码）

第二节　物料提升机的构造、组成及工作原理

物料提升机一般由钢结构部分、动力传动机构、电气系统、安全装置、辅助部件等五大部分组成。

一、钢结构部分

目前物料提升机一般均为型钢焊接制成，主要部件包括架体（立柱）、底架（地梁）、吊笼（吊篮）、导轨和天梁、手动摇臂把杆等。

（一）架体

架体是物料提升机最重要的钢结构件，是支承天梁的结构件，承载吊笼的垂直荷载，承担着载物质量，兼有运行导向和整体稳固的功能。龙门架和外置式井架的立柱，其截面可呈矩形、正方形或三角形，截面的大小根据吊笼的布置和受力，经设计计算确定常采用角钢或钢管，制作成可拼装的杆件，在施工现场再以螺栓或销轴连接成一体，也常焊接加工成格构式标准节，每个标准节长度为 1.5～4m，标准节之间用螺栓或销轴连接，标准节可互换。

（二）底架

架体的底部设有底架（地梁），用于架体（立柱）与基础的连接。

（三）天梁

天梁是安装在架体顶部的横梁，支承顶端滑轮的结构件。天梁是主要受力构件，承受吊笼自重及物料质量，常用型钢制作，其构件形状和断面大小需经计算确定。当使用槽钢作天梁时，其规格不得小于匚14槽钢。天梁的中间一般装有滑轮和固定钢丝绳尾端的销轴。

（四）吊笼

用于装载运输物料的容器，可上下运行的笼状或篮状结构件，统称为吊笼。吊笼是供装载物料作上下运行的部件，也是物料提升机中唯一以移动状态工作的钢结构件。吊笼由横梁、侧柱、底板、两侧挡板（围网）、斜拉杆和进出料安全门等组成。吊笼常见以型钢和钢板焊接成框架，再铺50mm厚木板或焊有防滑钢板作吊笼底板。安全门及两侧围挡一般用钢网片或钢栅栏制成，高度应不小于1m，以防物料或装货小车滑落。有的安全门在吊笼运行至高处停靠时，具有高处临边作业的防护作用。对提升高度超过30m的高架提升机，吊笼顶部必须设防砸顶板形成吊笼状。吊笼横梁上常装有提升滑轮组，笼体侧面装有导向滚轮或滑靴

（五）导靴

导靴是安装在吊笼上沿导轨运行的装置，可防止吊笼运行中偏斜和摆动，其形式有滚轮导靴和滑动导靴

有下列情况之一的，必须采用滚轮导靴：

1. 架体的立柱兼作导轨的提升机。

2. 高架提升机。

（六）导轨

导轨是为吊笼上下运行提供导向的部件。

导轨架的安装程序应按专项方案要求执行。紧固件的紧固力矩应符合使用说明书要求。导轨安装精度应符合下列规定。

1. 导轨架的轴心线对水平基准面的垂直度偏差不应大于导轨架高度的 0.15%。

2. 标准节安装时导轨结合面对接应平直，错位形成的阶差应符合下列规定。

（1）吊笼导轨不应大于 1.5mm；

（2）对重导轨、防坠器导轨不应大于 0.5mm。

3. 标准节截面内，两对角线长度偏差不应大于最大边长的 0.3%。

二、动力传动机构

其动力装置是以地面设置的卷扬机为动力，以卷筒收放钢丝绳来牵引吊笼、吊篮或吊斗等沿架体导轨做垂直升降运行的起重设备，如卷扬机、曳引机等。《龙门架及井架物料提升机安全技术规范》JGJ88—2010 中规定，配置在门式、井架式物料提升机上做垂直运输的卷扬机，必须采用可逆式卷扬机，禁止使用摩擦式卷扬机。

卷扬机是提升物料的动力装置，按传动方式，可分为可逆式和摩擦式两种。

1. 可逆式卷扬机，一般由电动机、制动器、减速器和钢丝绳卷筒组成，配以联轴器和轴承座等，固定在钢机架上，如图 3-1 所示。

2. 摩擦式卷扬机也称曳引机，一般由电动机、制动器减速器和摩擦轮（曳引轮）等组成，配有联轴器和轴承座等，摩擦式卷扬机如图 3-2 所示；整体式摩擦卷扬机如图 3-3 所示。

按现行国家标准，建筑卷扬机有慢速（M）、中速（Z）、快速（K）三个系列，建筑施工用物料提升机配套的卷扬机多为快速系列，卷扬机的卷绳线速度一般为 30～40m/min，钢丝绳端的牵引力一般在 2000kg 以下。

图 3-1　可逆式卷扬机

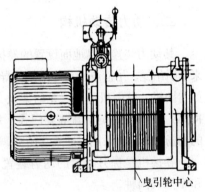

曳引轮中心

图 3-2　摩擦式卷扬机　　　图 3-3　整体式摩擦卷扬机

注意：《龙门架及井架物料提升机安全技术规范》JGJ88—2010 中规定，配置在门式升降机或井架式升降机上做垂直运输使用时，必须使用可逆式卷扬机，禁止采用摩擦式卷扬机。

三、电气系统

物料提升机的电气系统包括电气控制箱、电气元件、电缆电线及保护系统四个部分，前三部分组成了电气控制系统。

（一）电气控制箱

由于物料提升机的动力传动机构大多采用电动机，对运行状态的控制要求较低，控制线路比较简单，电气元件也较少，许多操纵工作台与控制箱做成一个整体。常见的电气控制箱薄钢板经冲压、折卷、封边等工艺做成，也有使用玻璃钢等材料塑造成型的。

（二）电气元件

物料提升机的电气元件可分为功能元件、控制操作元件和保护元件三类。

1. 功能元件

功能元件是将电源送递执行动作的器件。如声光信号器件、制动电磁铁等。

2. 控制操作元件

控制操作元件是提供适当送电方式经功能元件，指令其动作的器件。如继电器（交流接触器）、操纵按钮、紧急断电开关和各类行程开关（上下极限、超载限制器）等，物料提升机禁止使用倒顺开关控制。携带式控制装置应密封、绝缘，控制回路电压不应大于 36V，其引线长度不得超过 5m。

3. 保护元件

保护元件是保障各元件在电气系统有异常时不受损或停止工作的器件。如短路保护器（断路器）、失压保护器、过电流保护器和漏电保护器等。漏电保护器的额定漏电动作电流应不大于 30mA，动作时间应少于 0.1s

（三）电缆、电线

1. 接入电源应使用电缆线，宜使用五芯电缆线，架空导线离地面的直接距离、离建筑物或脚手架的安全距离均应大于4m。架空导线不得直接固定在金属支架上，也不得使用金属裸线绑扎

2. 电控箱内的接线柱应固定牢靠，连线应排列整齐，保持适当间隔；各电气元件、线与箱壳间以及对地绝缘电阻值，应不小于0.5MΩ。

3. 如采用便携式操纵装置，应使用有橡胶护套绝缘的多股铜芯电缆线，操纵装置的壳体应完好无损，有一定的强度和防水性能，电缆引线的长度不得大于5m。

4. 电缆、电线不得有破损、老化，否则应及时更换。

（四）电气控制工作原理

施工现场的物料提升机一般用电力作为动力源，通过电能转换成机械能，实现做功，来完成载物运输的过程，可简单表示为：电源→电动机转换为机械能→减速器改变转速和扭力卷扬机卷筒（或曳引轮）→牵引钢丝绳→滑轮组改变牵引力的方向和大小→吊笼载物→升降（或摇杆吊运物料）。

施工现场必须设专用配电箱并将电源输送到物料提升机的电控箱，电控箱内的电路元器件按照控制要求，将电送达卷扬电动机，指令电动机通电运转，将电能转换成所需要的机械能。如图3-4所示，为典型的物料提升机卷扬电气系统控制方框图。

如图3-5所示，为典型的物料提升机电气原理图，电气原理图中各符号名称见表3-1。

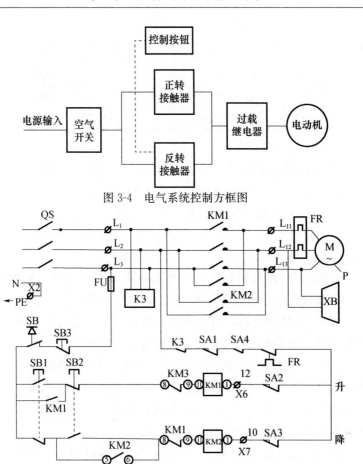

图 3-4 电气系统控制方框图

图 3-5 电气原理图

表 3-1 物料提升机电器符号名称

序　号	符　号	名　称	序　号	符　号	名　称
1	SB	紧急断电开关	6	FR	热继电器
2	SB1	上行按钮	7	KM1	上行交流继电器
3	SB2	下行按钮	8	KM2	下行交流继电器
4	SB3	停止按钮	9	FU	熔断器
5	K3	相序保护器	10	XB	制动器

续表

序　号	符　号	名　称	序　号	符　号	名　称
11	M	电动机	14	SA3	下限位开关
12	SA1	超载保护装置	15	SA4	门限位开关
13	SA2	上限位开关	16	QS	电路总开关

工作原理如下：

1. 物料提升机采用 380V、50Hz 三相交流电源。由工地配备专用开关箱，引入电源到物料提升机的电气控制箱（台），L_1、L_2、L_3 为三相电源，N 为零线，PE 接地线。

2. QS 为电源总开关，采用漏电、过载和短路保护功能的漏电断路保护器。

3. K3 为断相与错相保护继电器，当电源发生断、错相时，能切断控制电路，物料提升机就不能启动运转或停止运行。

4. FR 为热继电器，当电动机发热超过一定温度时，热继电器就及时分断主电源电路，电动机断电停止转动。

5. 上行控制：按 SB1 上行按钮，首先分断对 KM2 连锁（切断下行控制电路）；KM1 线圈通电，KM1 接触器触头闭合，电动机启动升降机上行。同时 KM1 自锁触头闭合自锁，KM 连锁触头分断 KM2 连锁（切断下行控制电路）。

6. 下行控制：按 SB2 下行按钮，首先分断对 KM1 连锁（切断上行控制电路）；KM2 接触器线圈通电，KM2 接触器触头闭合，电动机启动升降机下行。同时 KM2 自锁触头闭合自锁，KM2 连锁触头分断 KM1 连锁（切断上行控制电路）。

7. 停止：按下 SB3 停止按钮时，整个控制电路断电，接触器触头分断，主电动机断电停止转动。

8. 失压保护控制电路：

当按压上升按钮时，接触器 KM1 线圈通电，一方面使电机 M 的主电路通电旋转，另一方面与 SB1 并联的 KM1 常开辅助触头吸合，使 KML 接触器线圈在 SBl 松开时仍然通电吸合，使电机仍然能旋转。停止电机旋转时可按压停止按钮 SB3，使 KM1 线圈断电，一方面使主电路的 3 个触头断开，电机停止旋转，另一方面 KM1 自锁触头也断开。当将停止按钮松开而恢复通电时，KM 线圈这时已不能自动通电吸合。这个电路若中途发生停电失压、再来电时电动机不会自动运转工作，只有当重新按压上升按钮 SB1 时，电动机才会运转工作。

9. 双重连锁控制电路：

电路中在 KM1 线圈电路中串有一个 KM2 的常闭辅助触头；同样，在 KM2 线圈电路中串有一个 KM1 的触闭辅助触头，这是保证不同时通电的连锁电路。如果 KM1 吸合物料提升机在上升时，串在 KM2 电路中的 KM1 常闭辅助触头断开，这时即使按压下降按钮 SB2、KM2 线圈也不会通电工作。上述电路中，不仅 2 个接触器通过常闭辅助触头实现了不同时通电的连锁，同时也利用 2 个按钮 SB1、SB2 的一对常闭触头实现了不能同时通电的连锁。

10. 紧急断电开关：

当发生紧急情况时，如控制线路短路或上行、下行接触器触点粘连，停止按钮 SB3 失灵，及时按压紧急断电开关 SB 可使主接触器分断，切断主电源，电动机停止运转。

第三节　物料提升机的安全装置、辅助部件

物料提升机的安全装置主要包括安全停靠装置、断绳保护装置、上极限限位器、下极限限位器、紧急断电开关、缓冲器、超载限制器、信号装置和通信装置等。低架提升机应设置安全停靠装置、断绳保护装置、上极限限位器、紧急断电开关和信号装置等安全装置；高架提升机除应设置安全停靠装置、断绳保护装

置、上极限限位器、紧急断电开关和信号安全装置外，还应设置下极限限位器、缓冲器、超载限制器和通信装置。

为保证物料提升机在运转中的设备和作业人员的安全，避免发生事故，《龙门架及井架物料提升机安全技术规范》JGJ88—2010 中规定，物料提升机必须安装设置可靠的安全保护、保险装置。

一、安全装置及作用

（一）吊笼停靠装置

《规范》中规定：建筑物料提升机是只准运送物料不准载人的一种垂直运输设备，但是当装载物料的吊笼运行到某楼层位置停靠站时，需作业人员进入到吊篮内将物料运出。此时由于作业人员的进入，必须设置有一种安全装置对作业人员的安全进行保护，即当吊笼的钢丝绳突然断开时，吊笼内的作业人员不致受到伤害，通常采用以下保护形式：

1. 安全停靠装置。常见的有插销式楼层安全停靠装置、牵引式楼层安全停靠装置、连锁式楼层安全停靠装置等三种类型。其作用是：当吊笼运行到位时，停靠装置能将吊笼定位，并能可靠地承担吊笼自重、额定荷载及吊笼内作业人员和运送物料时的工作荷载。此时荷载全部由停靠装置承担，提升钢丝绳只起保险作用，要求安装完毕后验收和安全检查时应做动作试验来验证其灵敏可靠性。

（1）插销式楼层安全停靠装置

如图 3-6 所示为吊笼内置式井架物料提升机插销式的楼层停靠装置。其由设置安装在吊笼两侧和吊笼上端对角线上的悬挂联动插销（注意：要保持联动插销处于良好的润滑状态，确保插销伸缩自由无阻卡现象）、连动杆、转动臂杆和吊笼出料防护门上设置的碰撞块以及设置在井架架体两侧的三角形悬挂支撑托架等部件组成，工作原理是当吊笼在某一楼层停靠时，作业人员打开吊笼出料防护门时，利用出料防护门上设置的碰撞块实现推动停靠装置的转动臂杆，并通过连动杆使插销伸出，将吊笼停挂在井架架体上的三角形悬挂支撑托架上。当吊笼出料防护门关闭时，连动杆驱动插销缩回，从三角形悬挂支撑托架上脱离，吊笼可正常升降工作。上述停靠装置，也可不与门连动，可在出料防护门一侧，设置操纵手柄，在作业人员进入吊笼前，先拉动手柄推动连杆，使插销伸出，使吊笼停靠悬挂在架体上。当人员从吊笼出来后，恢复手柄位置，插销缩进，此时吊笼可正常升降运行。

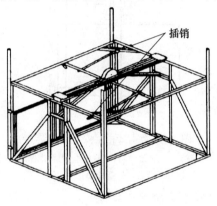

图 3-6　插销式楼层停靠装置示意图

　　该装置在使用中应注意：吊笼下降时必须完全将出料门关闭后才能下降。同样吊笼停靠时必须将门完全打开后，才能保证停靠装置插销完全伸出使吊笼与架体方可达到可靠的撑托效果和实现防止吊笼因故发生坠落的安全措施。

　　（2）牵引式楼层安全停靠装置

　　牵引式楼层停靠装置的工作原理是利用断绳保护装置作为停靠装置，当吊笼出料防护门打开时，利用设置在出料防护门上的碰撞块实现推动停靠装置的转动臂杆并通过断绳保护装置上的滚轮悬挂板上的钢丝绳来牵引带动楔块夹紧装置使吊笼停靠在导轨架上，以防止吊笼因故发生坠笼事故。它的特点是不需要在架体上安装停靠支架，其缺点是当吊笼的连锁防护门开启不到位或拉绳断裂时，易造成停靠装置失效，因此使用时，应特别注意停靠制动装置的有效性和可靠性，其工作原理如图3-7所示。

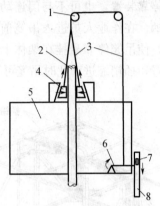

图 3-7　牵引式楼层安全停靠装置

1—导向滑轮；2—导轮；3—拉索；4—楔块抱闸；5—吊笼；

6—转动臂；7—碰撞块；8—出料门

（3）连锁式楼层安全停靠装置

如图 3-8 所示，为一连锁式楼层安全停靠装置示意图，其工作原理是当吊笼运行到达指定楼层时，在作业人员进入吊笼之前，需要开启吊笼上下推拉开启式的出料防护门。吊笼出料防护门向上提升开启时，使设在吊笼出料防护门上的平衡重 1 下降，使拐臂杆 2 随之向下摆动，带动拐臂 4 绕转轴 3 顺时针旋转，随之放松拉绳 5，使插销 6 在弹簧 7 的压力作用下伸出，使吊笼挂靠悬挂在架体的停靠横担 8 上。当吊笼再次升降之前，必须要关闭吊笼出料防护门，待门向下滑动关闭到位后，吊笼门平衡重 1上升，顶起拐臂杆 2，带动拐臂 4 绕转轴 3 向逆时针方向转动，随之拉紧拉绳 5，利用拉线将插销从撑托横担 8 上收回并压缩弹簧 7，此时，吊笼便可自由升降运行。

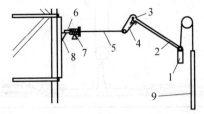

图 3-8　连锁式楼层安全停靠装置示意图

1—吊笼门平衡重；2—拐臂杆；3—转轴；4—拐臂；5—拉绳；

6—插销；7—压簧；8—横担；9—吊笼门

（二）断绳保护装置

常见的有：弹闸式防坠装置、夹钳式断绳保护装置、拨杆楔形断绳保护装置、旋撑制动保护装置、惯性楔块断绳保护装置等五种类型。断绳保护装置是安全停靠的另一种形式，起到双保险的作用，即当吊笼运行到某楼层停靠位置时，作业人员进入吊笼内送取物料作业时或当吊笼上下运行途中，若发生断绳时，此装置即迅速将吊笼可靠地制停并固定在架体上，确保吊笼内作业人员不受到伤害。但是此装置只能起到单一的断绳事故发生时防止吊笼坠落的一种保险装置，它不能代替安全停靠装置，故此，《规范》中规定，物料提升机在装有断绳保护装置的同时，必须还要装设安全停靠装置。

1. 弹闸式防坠装置

如图 3-9 所示，弹闸式防坠装置，其工作原理是：当牵引钢丝绳 4 断裂时，利用弹闸拉绳 5 失去张力作用，促使弹簧 3 推动弹闸两端制停销轴 2 向外移动伸出，使销轴 2 卡在架体的水平横杆 6 上，实现阻止吊笼坠落的目的。其缺点是该装置在作用时对架体的水平横杆和吊笼产生较大的冲击力，易造成架体和吊笼结构损伤变形。

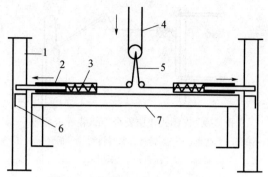

图 3-9　弹簧式防坠装置示意图

1—架体；2—弹闸；3—弹簧；4—牵引钢丝绳；

5—弹闸拉索；6—水平横杆；7—吊笼横梁

2. 夹钳式断绳保护装置

如图 3-10 所示，夹钳式断绳保护装置的防坠制动工作原理是：当牵引钢丝绳突然断裂，吊笼处于坠落状态时，吊笼顶部带

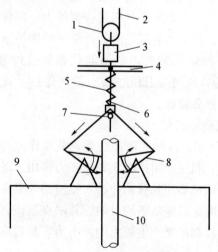

图 3-10　夹钳式断绳保护装置

1—提升滑轮；2—提升钢丝绳；3—平衡梁；4—防坠器架体（固定在吊笼上）；

5—弹簧；6—拉索；7—拉环；8—制动夹钳；9—吊笼；10—导轨

有滑轮的平衡梁在吊笼两端长孔耳板内由于自重作用下坠时，此时防坠装置的一对制动夹钳在弹簧的弹力作用下推动夹钳动作，迅速使夹钳夹紧，将吊笼停止在导轨架上（夹钳两端装有制动片），从而避免了吊笼坠落事故的发生。当吊笼在正常升降时，由于吊笼顶端动滑轮平衡梁在吊笼两侧设置的长形耳孔板拉动上移，并通过拉环使防坠装置的弹簧在受到压力的作用下，使制动夹钳处于张开状态脱离导轨，吊笼便可自由升降运行。

3. 拨杆楔形断绳保护装置

图 3-11 所示为拨杆楔形断绳保护装置。其工作原理：当牵引吊笼起升钢丝绳因故发生意外断裂事故时，使动滑轮 1 失去钢丝

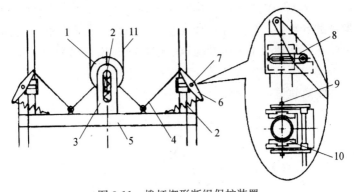

图 3-11 拨杆楔形断绳保护装置

1—动滑轮；2—弹簧；3—耳板；4—传力钢丝绳；5—吊笼；6—拉板；
7—转轴；8—拨杆；9—拨销；10—楔块；11—牵引钢丝绳

绳的牵引，在吊笼自重和弹簧 2 的拉力作用下，促使动滑轮沿耳板 3 的竖向槽孔下坠，使传力钢丝绳 4 松弛，在弹簧 2 的拉力作用下，摆动拉板 6 绕转轴 7 转动，带动拨杆 8 偏转，拨杆向上翘动，再通过拨销 9 带动楔块（两侧楔块上装有制动片）10 向上动作，在锥度斜面楔块的作用下实施楔块抱紧架体导轨，使下坠的吊笼能迅速有效地制停下滑坠落，可防止吊笼坠落事故的发生。当物料提升机处于正常工作时其保护装置的状态则相反，牵引钢

丝绳提起吊笼滑轮 1，绷紧拉绳 4，在其拉力作用下，摆动拉板 6 绕转轴 7 转动，带动拨杆 8 向反向偏转，拨杆下压，通过拨销 9、带动楔块 10 向下动作，在锥度斜面楔块的作用下，使楔块与架体导轨松开，吊笼便可自由升降运行。

4. 旋撑型断绳制动保护装置

如图 3-12 所示，旋撑型断绳制动保护装置设有旋撑浮动支座，支座的两侧分别由旋转轴固定两套摩擦制动块、拨叉、支撑杆、弹簧和拉绳等组成。工作原理：该装置在使用时，两块（装有制动片）制动块置于提升机导轨的两侧，当提升机卷扬牵引钢丝绳 6 断裂时，拉绳 4 松弛。利用弹簧拉动拨叉 2 旋转，提起支撑杆 7，带动两摩擦块向上并向导轨方向运动，将吊笼卡紧制停在架体的导轨上，使旋撑浮动支座停止下滑，进而阻止吊笼向下坠落。在正常情况下，由卷扬牵引钢丝绳 6 拉动动滑轮 5 拉动拉绳 4 带动弹簧拉动拨叉 2 转动支撑杆 7 下滑，使制动块处于张开状态并脱离轨道，吊笼便可自由升降运行。

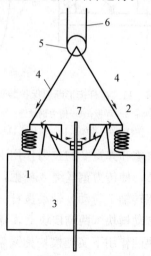

图 3-12　旋撑型断绳制动保护装置

1—吊笼；2—拨叉；3—导轨；4—拉绳；5—吊笼提升动滑轮；6—牵引机钢丝绳；7—支撑杆

5. 惯性楔块断绳保护装置

如图 3-13 所示，惯性楔块断绳保护装置。主要由提升钢丝绳、吊篮提升动滑轮、调节螺栓、拉绳、悬挂弹簧、导向轮挂板、制动架、楔形制动块、支座、吊笼、导轨等部件组成。防坠制动装置分别安装在吊笼顶部的两侧。

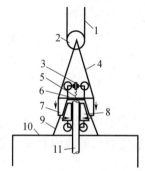

图 3-13　惯性楔块断绳保护装置

1—提升钢丝绳；2—吊笼提升动滑轮；3—调节螺栓；4—拉绳；5—悬挂弹簧；
6—导向轮悬挂板；7—制动架；8—楔形制动块；9—支座；10—吊笼；11—导轨

该断绳保护装置的制动工作原理：是利用吊笼下降时超过设定的速度所产生的惯性原理来使得防坠装置的制动块在吊笼突然发生钢丝绳断裂导致吊笼下坠时能迅速动作实现制停，将吊笼紧紧夹在架体的导轨架上。当吊笼在设定速度正常升降时，导向轮悬挂板悬挂在悬挂弹簧上，此时弹簧处于压缩状态，其两侧楔形制动块与导轨架轨道自动处于张开状态，吊笼可自由升降运行。当吊笼牵引钢丝绳突然断裂时，由于限速轮悬挂板突然发生失重，原来受压的弹簧突然失去原设定的压力，限速轮悬挂板在弹簧弹力的推动作用下向上运动，带动楔形制动块紧紧夹在导轨架上，从而避免发生吊笼坠落事故的发生。

（三）极限限位装置

1. 上极限限位器

上极限限位器，主要作用是限定吊笼的上升高度，（吊笼上升的最高位置与天梁最低处的距离不应小于 3m），此距离是考虑到一旦发生意外情况，电源不能断开时，吊笼仍将继续上升，可能造成吊笼冲顶事故，而此越程可使司机采用紧急断电开关来切断控制电源使吊笼制停，防止吊笼与天梁碰撞。当采用可逆式卷扬机时，超高限位切断吊笼上升电源，电磁式制动器自行制动停车，此时吊笼不能上升，只能下降。

2. 下极限限位器

《规范》中规定，高架（31m 以上）物料提升机，除具备低架提升机的安全装置外，还必须安装下极限限位器。当吊笼下降运行至碰到缓冲器之前限位器即能动作，当吊笼下行到达最低限定位置时，限位器自动切断电源，吊笼停止下降，避免发生蹲笼事故。物料提升机安装完毕后验收时和安全检查时应做动作试验来验证其灵敏可靠性。

（四）超载限制器

超载限制器也称质量限制器，是一种超载保护安全装置。其功能是当荷载超过额定值时，使起升动作不能实现，从而避免超载。超载限制器有机械式、电子式等多种类型。机械式超载限制器通过杠杆、弹簧、凸轮等的作用带动撞杆，当超载时，撞杆与开关相碰，切断起升机构的动力源，控制起升机构上升中止运行。

在施工作业时，由于上下运行距离长所用时间多，运料人员往往尽量多装物料以减少运行次数的心理而造成超载。此装置可在达到额定荷载的 90% 时，发出报警信号提示司机，当荷载达到额定起重量的 110% 时，起重量限制器应切断上升主电路电源。物料提升机安装完毕后验收时和安全检查时应做动作试验来验证其灵敏可靠性。电子式超载限制器参见图 3-14。

（五）紧急断电开关

简称急停开关，应装在司机容易控制的位置，采用非自动复位的红色按钮开关。紧急情况下，能及时切断电源，排除故障后，必须人工复位，以免误动作，确保安全。

图 3-14 电子式超载限制器

（六）缓冲器

缓冲器安装在架体下部底架的地梁上，当吊笼以额定荷载和规定的速度作用到缓冲器上时，应能承受相应的冲击力。缓冲器的型式可采用弹簧或橡胶等。《规范》中规定高架（31m 以上）物料提升机必须装设缓冲装置。

（七）铃响装置（联络信号）

1. 低架物料提升机（30m 以下）使用铃响装置时，司机可以清楚地看到各层通道及吊笼内作业情况，可以由各层作业人员直接与司机联系。司机通过铃响装置提示作业人员注意安全后，就可操纵启动卷扬机升降作业。

2. 高架物料提升机（31～80m）使用铃响装置时，司机不能清楚地看到各楼层站台和吊笼内的作业情况，或交叉作业施工时各栋号楼层同时使用提升机的，此时应设置专门的信号指挥人员，或在各楼层站加装通讯装置。通信装置应是一个闭路的双向通讯系统，司机应能听到每一层站的联系，并能向每一层站讲话。司机在确认信号后，操纵启动卷扬机时也应通过铃响装置提示作业人员注意，以确保不发生误操作。

（八）避雷装置

《规范》规定：井字架及龙门架等机械设备，必须安装防雷装置。

防雷装置包括：避雷针（接闪器）、引下线及接地体。避雷针可采用 $\phi 20$ 镀锌圆钢，其长度 $L=1\sim 2m$，置于架体最顶端。引下线不得采用铝线，防止氧化、断开。接地体可与重复接地合用，阻值不大于 10。

（九）标志标识

为提示作业人员注意安全，必须在物料提升机进料口处的明显部位悬挂禁止乘人标志（图 3-15）和限载警示标志，（图 3-16）。

限载：
1.5吨

图 3-15　禁止乘人标志　　　　　　　　图 3-16

二、辅助部件

为保证建筑物料提升机在运转中架体的安全稳定性，辅助部件包括附墙架、缆风绳和地锚等。

第四节　地基基础、架体稳定性

一、地基与承载力

物料提升机的基础必须能够承受架体的自重、载运物料的质量以及缆风绳、牵引绳等产生的附加重力和水平力。必须按物料提升机生产厂家提供的产品说明书中设计的基础施工方案实施；对于低架提升机，必须清理整平、夯实基础土层，使其承载力不小于 80kPa。基础必须有良好的排水措施，确因现场条件所限，无自然排水条件的，可设置集水井（坑），使用排水设备排水。高架提升机的基础应进行设计，计算时应考虑架体自重、载物和附属配件的质量，还必须注意到附加装置和施工产生的附加荷载。如：安全门、附墙架、钢丝绳防护设施以及风荷载等产生的影响。当地基承载力不足时，应采取措施，使之达到设计要求

当基础设置在构筑物上，如在地下室顶板上，屋面构筑在梁、板上时，应验算承载梁板的强度，保证能可靠承受作用在其上的全部荷载。必须征得结构原设计单位的同意，对梁板采取可靠的回顶支撑等加固措施

二、物料提升机基础

1. 无论是采用厂家提供的基础施工方案的低架提升机，还是经专门设计的基础施工方案的高架提升机，基础设置在地面上的，应采用整体混凝土基础。基础内应设计配置构造钢筋。基础最小尺寸不得小于设备底架的外轮廓，厚度不小于 300mm，混凝土强度等级不低于 C20，混凝土基础承台如图 3-17 所示。

2. 设置在地面的驱动卷扬机应设置卷扬机的基础，不论在卷扬机前后是否有锚桩或绳索固定，均宜用混凝土或水泥砂浆找平，一般厚度不小于 300mm，混凝土强度等级不低于 C20，水泥砂浆的强度等级不低于 M20。

3. 保持物料提升机与基坑（沟、槽）边缘 5m 以上的距离，尽量避免在其 5m 范围内进行较大的振动施工作业。如无法避让时，必须有保证架体稳定的措施。

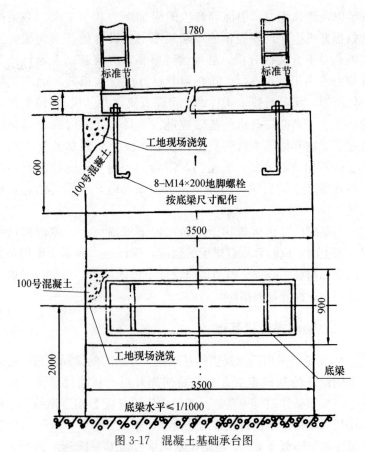

图 3-17　混凝土基础承台图

三、架体稳定性

（一）架体稳定装置

　　稳定装置是架体稳定的保证措施，一般有两种方式，当建筑主体结构未建造时，采用缆风绳与地锚稳固的方法；当建筑物主体已形成时，可采用连墙杆与建筑结构刚性连接的方法（或叫附墙装置）。

（二）稳定装置设置

当受施工现场的条件限制，低架物料提升机缆风绳无法设置附墙架时，可采用缆风绳稳固架体。缆风绳的上端与架体连接，下端一般与地锚连接，通过钢丝绳、花篮螺栓适当张紧缆风绳，保持架体垂直和稳定。为保证每组四根缆风绳受力均衡，缆风绳必须采用对角线形式设置，如图 3-18 所示。

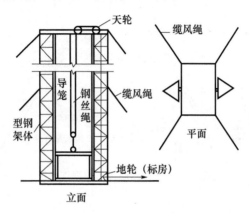

图 3-18　缆风绳设置示意图

（三）缆风绳设置要求

（1）《规范》规定，提升机架体在确保本身强度的条件下，为保证整体稳定采用缆风绳时，高度在 20m 以下可设一组（不少于 4 根），高度在 30m 以下不少于两组（不少于 8 根）。超过 30m 以上高度时禁止采用缆风绳稳固架体的方法，必须采用刚性连墙杆稳固架体措施。

（2）缆风绳应根据受力情况经计算确定其材料规格，缆风绳直径不应小于 8mm，安全系数不应小于 3.5。

（3）按照缆风绳的受力工况，必须采用钢丝绳时，不允许采用钢筋、多股铅丝等其他材料替代。

（4）缆风绳应与地面成 45°～60°夹角，与地锚拴牢，不得拴在树木、电杆、堆放的构件上。

（四）附墙装置设置要求

1. 附墙件的做法之一

附着杆一端用扣件与标准节相连，另一端与建筑物设置的预埋件相连。连接方式有型钢附墙架与预埋件连接，如图 3-19 所示；钢管与预埋钢管连接如图 3-20 所示

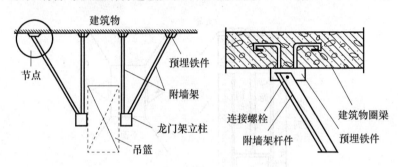

图 3-19　型钢附墙架与预埋件连接

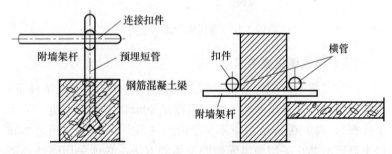

图 3-20　钢管与预埋钢管连接

2. 附墙件的做法之二

（1）标准定型附墙架，如图 3-21 所示。

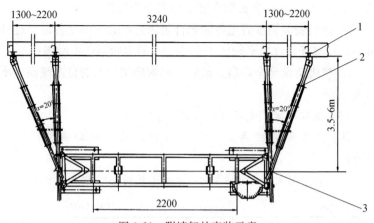

图 3-21 附墙架的安装示意

1—预埋件；2—附墙架连接杆；3—扣件

（2）附墙架安装图（用脚手架管连接）如图 3-22 所示。

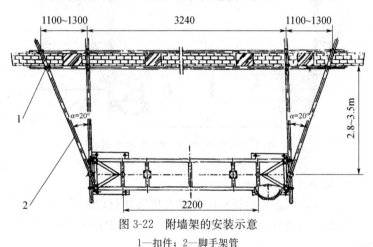

图 3-22 附墙架的安装示意

1—扣件；2—脚手架管

① 必须保证两根导架的主管中心距为 2200mm，保证是用一根带有双头螺纹的调节杆调到尺寸。检查方法是使顶梁可自由移动；

② 沿墙面方向上每一附着间距内的垂直度不得大于 4mm；垂直于墙面方向上的垂直度不得大于 4mm；安装过程中，外伸段

长度不得大于 8m；全长垂直度不得大于全长的 1‰；

③ 达到安装精度后把各紧固件紧固好，必须保证各部分连接可靠，单根杆件连接必须能承受 600kg 的力而不产生滑移；

④ 整机架设至全高后，最后一道附墙架以上的自由端高度不得大于 6m。

（3）加强型定型附墙架，如图 3-23 所示。

注：①当附墙距离＞3.5～6m 时，应采用加强型附墙架附着；

②用脚手架管固定附墙架时，也可采用图 3-23 中加强方式附着。

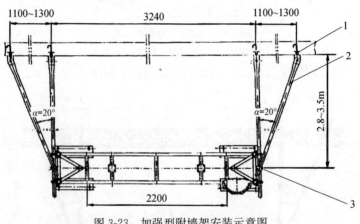

图 3-23　加强型附墙架安装示意图
1—预埋件；2—附墙架；3—扣件

3. 附墙连接的要求

（1）连墙杆选用的材料应与提升机架体材料相适应，连接点坚固合理，与建筑结构的连接处应在施工方案中有预埋（预留）措施。

（2）连墙杆与建筑结构相连接形成稳定结构架，其竖向间隔不得大于 9m，且在建筑物的顶层必须设置 1 组连墙杆。架体顶部自由高度不得大于 6m。

（3）在任何情况下，连墙杆都不准与脚手架连接。

第五节　架体防护的其他要求

一、首层进料口防护围栏（棚）、防护门

（一）首层进料口防护围栏（棚）

1. 物料提升机地面进料口应设置防护围栏；围栏高度不应小于 1.8m，围栏立面可采用网板结构，在其任意 500mm² 的面积上作用 300N 的力，在边框任意一点作用 1kN 的力时，不应产生永久变形；

2. 进料口防护棚应设在提升机地面进料口上方。长度：低架提升机不应小于 3m，高架提升机不应小于 6m；宽度：应大于吊笼宽度。顶部强度在其任意 500mm³ 的面积上作用 300N 的力，在边框任意一点作用 1kN 的力时，不应产生永久变形，可采用厚度不小于 50mm 的木板搭设（低架机单层板、高架机双层板）

3. 防护棚搭设标准，《建筑施工现场安全防护图集》中规定施工电梯、物料提升机地面进料口的安全通道防护棚应设在物料提升机架体地面进料口上方，如图 3-24 所示。

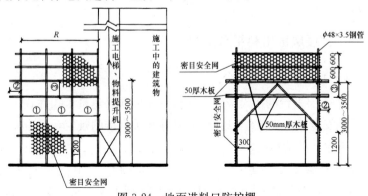

图 3-24　地面进料口防护棚

（二）首层进料口防护门

1. 首层地面进料口采用上下滑动开启门的开启高度不应小于1，8m，强度在其任意500mm²的面积上作用300N的力，在边框任意一点作用1kN的力时，不应产生永久变形；进料口门应装有电气安全开关，吊笼应在进料口门关闭后才能启动。

2. 首层地面进料口采用平开或对开式（门应向吊笼外侧开启），开启门高度不宜小于1.8m，在其任意500mm³的面积上作用300N的力，在边框任意一点作用1kN的力时不应产生永久变形；进料口门应装有电气安全开关，吊笼应在进料口门关闭后才能启动。

（三）吊笼防护门

1. 吊笼进出料口防护门的开启高度不应小于1.8m，其任意500mm²的面积上作用300N的力，在边框任意一点作用1kN的力时，不应产生永久变形；进料口门应装有电气安全开关，吊笼应在进料口门关闭后才能启动。

2. 吊笼门及两侧立面宜采用网板结构，孔径应小于25mm，吊笼门的开启高度不应低于1，8m；其任意500mm²的面积上作用300N的力，在任意一点作用1kN的力时，不应产生永久变形。

二、楼层进出料平台防护

（一）楼层进出料平台

1. 停层平台的搭设应符合现行行业标准《建筑工扣件式钢管脚手架安全技术规范》JGJ130及其他相关标准的规定，并应能承受3kN/m²的荷载。

2. 停层平台外边缘与吊笼门外缘的水平距离不宜大于100mm，与外脚手架外侧立杆（当无外脚手架时与建筑结构外墙）的水平距离不宜小于 1m。

3. 停层平台两侧的防护栏杆，上栏杆高度宜为 1.0～1.2m，下栏杆高度宜为 0.5～0.6m，在栏杆任一点作用 1kN 的水平力时，不应产生永久变形，且两侧设置密目网封闭；挡脚板高度不应小于 180mm，且宜采用厚度不小于 1.5mm 的冷轧钢板或采用 50mm 厚的木板。

（二）楼层进出料平台防护门

1. 平台门应采用工具式、定型化，应在其任意 500mm² 的面积上作用 300N 的力，在边框任意一点作用 1kN 的力时，不应产生永久变形。

2. 平台门的高度不宜小于 1.8m，宽度与吊笼门宽度差不应大于 200mm，并应安装在台口外边缘处，与台口外边缘的水平距离不应大于 200mm。

3. 平台门下边缘以上 180mm 内应采用厚度不小于 1.5mm 钢板封闭，与台口上表面的垂直距离不宜大于 20mm。

4. 平台门应向停层平台内侧开启，并应处于常闭状态。

（三）防护门的加工制作标准

物料提升机各楼层出入口应设置常闭的防护门，防护门宜采用电气连锁装置，只有当各楼层防护门关闭完好时，吊笼方可运行。防护门定型制作（《建筑施工现场安全防护图集》中 4.2 物料提升机楼层出入口）如图 3-25 所示。

三、吊笼棚顶、棚底

1. 吊笼顶部宜采用厚度不小于 1.5mm 的冷轧钢板，并应设置钢骨架；其承受强度在任意 0.01m² 面积上作用 1.5kN 的力时，不应产生永久变形，主要为防止作业人员进入吊笼内作业时落物打击。

2. 吊笼底板应有防滑、排水功能。其强度在承受 125％额定

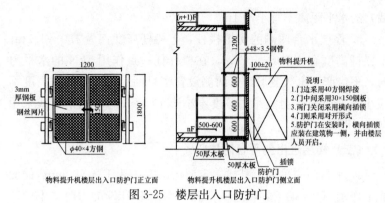

物料提升机楼层出入口防护门正立面　　　物料提升机楼层出入口防护门侧立面

图 3-25　楼层出入口防护门

荷载时，不应产生永久变形；底板宜采用厚度不小于 50mm 的木板或不小于 1.5mm 的钢板。

四、卷扬机操作棚

1. 卷扬机操作棚应采用定型化、装配式，且应具有防雨功能。操作棚应有足够的操作空间。其顶部强度在任意 500mm² 的面积上作用 300N 的力，在其任意一点作用 1kN 的力时不应产生水久变形。

2. 卷扬机和司机在露天作业，且与结构的距离较小，为防止一旦发生高处坠物则会危害操作手的安全，必须符合《规范》和《建筑施工扣件式钢管脚手架安全技术规范》JGJ130 及其他相关标准的规定，卷扬机必须搭设雨篷，其篷顶应具有一定防范抗物体打击击穿的能力。雨篷的操作视线仰角应小于 45°，尽量避免强光直射操作者的角度。

第六节　建筑卷扬机概述、分类、型号、参数

一、基本概述

建筑卷扬机是利用卷筒缠绕钢丝绳（卷绳或放绳）提升或牵

引重物的轻小型起重设备，又称绞车。卷扬机可以垂直提升、水平或倾斜拽引重物。卷扬机分为手动卷扬机和电动卷扬机两种。

目前，建筑施工现场门式升降机、井架式物料提升机的卷扬机主要用于垂直运输，建筑卷扬机在施工现场做垂直运输时严禁载人，只用于物料运输，所以称为建筑物料提升机。其由固定地箱、卷扬机机体、门架（或井架）及附着装置等组成。它具有构造紧凑、操作简单、安装拆卸及运输转移方便、价格低廉等特点。

二、卷扬机的分类

（一）按卷扬机用途分类

卷扬机按用途分类有建筑卷扬机和同轴卷扬机，主要产品有：JM 电控慢速大吨位卷扬机、JM 电控慢速卷扬机、JK 电控快速卷扬机、JKL 手控快速溜放卷扬机、2JKL 手控双快溜放卷扬机、电控手控两用卷扬机、JT 调速卷扬机、KDJ 微型卷扬机等。

在建筑工中，JK 电控快速卷扬机主要用于垂直提升建筑材料的运输。JM 系列为齿轮减速机传动卷扬机，主要用于卷扬、拉卸、推（拖）重物。如各种大中型混凝土、钢结构及机械设备的安装和拆卸及施工现场的钢筋加工作业，适用于建筑安装装饰、矿区、工厂的土木建筑及安装工程。

同轴卷扬机（又叫微型卷扬机）：电机与钢丝绳在同一传动轴上，轻便小巧，节省空间，其吨位包括 200kg，250kg，300kg、500kg、750kg、1000kg 等。

（二）按卷扬机卷绳速度分

按卷扬机卷绳速度分有快速、慢速和两速三个系列。

1. 慢速卷扬机：卷筒上的钢丝绳额定速度约 $7\sim13\mathrm{m/min}$。

2. 快速卷扬机：卷筒上的钢丝绳额定速度约 $25\sim40\mathrm{m/min}$。

3. 两速卷扬机：速度控制可以调节的卷扬机。

（三）按卷扬机驱动形式

按卷扬机驱动形式分有为手动卷扬机、电动驱动卷扬机和内燃机驱动卷扬机。

（四）按卷扬机卷筒数目分

按卷扬机卷筒数目分有单筒卷扬机、双筒卷扬机和三卷筒卷扬机。

资源-卷扬机用途分类(二维码)　　资源-卷扬机总装图(二维码)

三、卷扬机的型号

通过对建筑卷扬机的型号编制识别，可以了解其基本性能。卷扬机的型号由型式、类组、特性、主要参数及变形更新代号等组成。卷扬机型号标记，如图 3-26 所示。

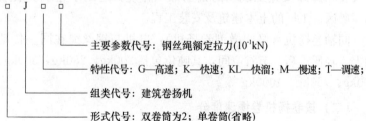

图 3-26　卷扬机型号标记

标记含义示例：标记含义说明见表 3-2。

1. 2JK5 型卷扬机即：双卷筒快速卷扬机，钢丝绳额定拉力为 50kN（约为 5t），一般标示 5T。

2.JM5 型卷扬机：单卷筒慢速卷扬机，钢丝绳额定拉力为50kN（约为5t），一般标示5T。

3.JK5 型卷扬机：单卷筒快速卷扬机，钢丝绳额定拉力为50kN（约为5t），一般标示5T。

4.JT2 型卷扬机：单卷筒调速卷扬机，钢丝绳额定拉力为20kN（约为2t），一般标示2T。

表3-2 标记含义说明

类	组		型		特性	产品		主参数代号		
名称	名称	代号	名称	代号	代号	名称	代号	名称	单位	表示法
建筑起重机械	建筑卷扬机	J 卷	单卷筒式	—	K（快）	单卷筒快速卷扬机	JK	钢丝绳额定静拉力	kN	主要参数乘 10^{-1}
					KL（快溜）	单卷筒快溜式卷扬机	JKL			
					M（慢）	单卷筒慢速卷扬机	JM			
					ML（慢溜）	单卷筒慢溜式卷扬机	JM			
					LT（调）	单卷筒调速卷扬机	JT			
			双卷筒式	2双	K（快）	双卷筒快速卷扬机	2JK			
					T（调）	双卷筒条速卷扬机	2JT			
			三卷筒式	3	K（快）	三卷筒快速卷扬机	3JK			

常见的卷扬机吨位（起重量）有：0.3T 卷扬机、0.5T 卷扬机、1T 卷扬机、1.5T 卷扬机、2T 卷扬机、3T 卷扬机、5T 卷扬机、6T 卷扬机、8T 卷扬机、10T 卷扬机、15T 卷扬机、20T 卷扬机、25T 卷扬机、30T 卷扬机。在建筑施工中使用较为普遍的卷扬机主要有：K1T-5T 的卷扬机，即：快速单筒1～5t 卷扬机。

四、卷扬机的基本参数

在建筑施工中，选择卷扬机应从建筑物的结构形式、提升高度、起重量、安装位置等几个方面考虑选用卷扬机的型号，其选

择方法应以卷扬机的基本参数为依据。卷扬机的基本参数见表 3-3

1. 钢丝绳的额定拉力（单位：kN）如：5kN；标记 5T（5t）。

2. 钢丝绳额定速度（单位：m/min 即：米/分钟）。

3. 卷筒容绳量（单位：m 即：米）。

4. 钢丝绳直径（单位：mm 即：毫米）。

5. 卷筒节径（单位：mm 即：毫米）。

6. 整机质量（单位：kg 即：千克）。

7. 外形尺寸：（单位：mm 即：毫米）。

表3-3　卷扬机基本参数

项　目		参　数	项　目		参　数
钢丝绳额定拉力 kN		20		型号	Y132M4
总传动比 1		82.12	电动机	功率 kW	7.5
钢丝绳	规格直径 mm	6×19－12.5		转速 r/min	1440
	额定速度 m/min	16.5	液压推杆制动器		—
卷筒	直径长度 mm	φ245×480	电磁铁制动器		TJ2-200
	转速 r/min	17.54	外形尺寸 mm		1210×1000×550
	容绳量 M	100	整机质量 kg		600
减速器齿轮参数	第一级	模数	3	第二级	模数	4	第三级	模数	5
		齿数比	66/15		齿数比	62/14		齿数比	59/14

第七节　卷扬机构造、组成和特点、工作原理

一、基本构造

卷扬机的基本构造主要有动力部分、传动部分、工作部分、

操控部分、连接部分等五大部分组成：

1. 动力部分：以电动机或内燃机做驱动动力。

2. 传动部分：卷扬机根据使用要求，设计有四种传动方式。

（1）在一个传动系统中，一级变速采用皮带传动，二级变速采用齿轮传动。

（2）在一个传动系统中，一、二级变速都采用齿轮传动。这种传动方式是建筑卷扬机普遍采用的传动方式。

（3）在一个传动系统中，一级变速采用蜗轮蜗杆传动，二级变速采用齿轮传动。

（4）在一个传动系统中，蜗轮蜗杆一级传动。

3. 工作部分：主要由减速箱、卷筒、钢丝绳等部分组成。

4. 操控部分：操控部分分操作部分和控制部分。操作部分是由操作控制台（箱）、电气控制元件组成；控制部分是由制动器和离合器两部分组成。而装有离合器的（包括行星式卷扬机）电动卷扬机由于操控性的相对复杂已逐步被圆柱齿轮减速器的电控卷扬机所取代。圆柱齿轮减速器的电控卷扬机也是目前建筑施工应用比较普遍的卷扬机。

5. 连接部分：主要由底盘和支架部分组成。

二、基本组成和工作特点

1. 卷扬机的基本组成：电动机、联轴器（制动器）、减速器（齿轮传动）、卷筒和机架等，如图 3-27 所示为 JK 型卷扬机。

2. 卷扬机由于构造简单、移动和操作简便、易于掌握等特点，是建筑工地常用的起重机械。

三、卷扬机的工作原理

在建筑施工中，通常选用 JK 型卷扬机，它是一种快速卷扬机，传动形式采用齿轮变速传动（变速形式属于定轴轮系）与井

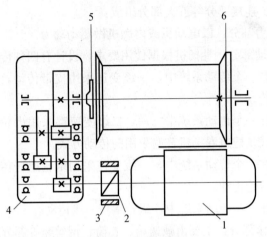

图 3-27 JK 型卷扬机

1—电动机；2—联轴器；3—电磁制动器；4—圆柱齿轮减速器；5—联轴节；6—卷筒

字架或门架组成垂直升降运输的起重机械。还有一种是行星式卷扬机，其变速形式属周转轮系，由于操作上相对繁琐（左右手操控）、传动有误差等弱点，逐渐被 JK 型卷扬机取代，但在少数地区还仍在使用。

JK 型建筑卷扬机的工作原理

JK 型建筑卷扬机，通常称为可逆式卷扬机，如图 3-28 所示，新《规范》中规定，配置在门式升降机或井架式升降机上做垂直运输使用时，必须采用可逆式卷扬机。

电动机 3 与减速器 7 之间用弹性联轴器 5 连接，联轴器的被动轮盘兼做电磁式制动器的制动轮，减速器的输出轴与卷筒心轴之间用十字滑块联轴器 8 连接。当接通电源后，电动机和电磁制动器 6 的电路同时被接通，由于电磁吸合作用，制动器闸瓦打开，电动机开始转动将动力经弹性联轴节传入减速器，减速器将高转速小扭矩通过变速输出低转速大扭矩到卷筒，使卷筒转动。利用卷筒卷绕钢丝绳完成垂直起吊重物或水平牵引的工作目的。

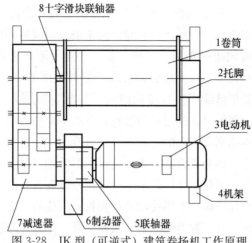

图 3-28 JK 型（可逆式）建筑卷扬机工作原理

四、牵引系统工作原理

电动机通过联轴器与减速机的输入轴相连，由减速机来完成减慢转速，增大扭矩的变换之后，减速器的输出轴与钢丝绳卷筒啮合，动卷筒以慢速大扭矩转动，缠卷牵引钢丝绳输出牵引力。当电动机断电时，常闭式制动器产生制动力，锁死电动机轴或减速机输入轴，与之啮合的卷筒同时停止转动，保持静止状态。变速传递路径如图 3-29 所示。

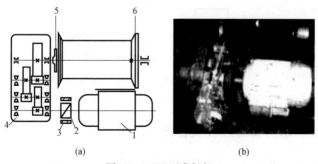

(a)   (b)

图 3-29 JK 型卷扬机

1—电动机；2—联轴器；3—电磁制动器；4—齿轮减速器；5—联轴节；6—卷筒

物料提升机的卷扬机一般与架体分别安装在不同位置的基础上，两基础相隔有一定距离，在卷扬机正前方应设置导向滑车，导向滑车至卷筒轴线的距离，带槽卷筒应不小于卷筒宽度的 15 倍，即倾斜角 α 不大于 2°，无槽卷筒应大于卷筒宽度的 20 倍，以免钢丝绳与导向滑车槽缘产生过度的磨损。如图 3-30 所示，钢丝绳从卷筒引出到达架体时，穿过导向滑轮，将水平牵引力改为垂直向上的力，沿架体达到天梁上的导向滑轮，再改为水平走向到天梁的另一导向定滑轮，转为垂直向下至吊笼牵引提升动滑轮，转向后向上固定在天梁上，滑轮与架体、吊笼应采用刚性连接，严禁采用钢丝绳、钢丝等柔性连接，不得使用开口拉板式滑轮卷筒卷绳时，由钢丝绳牵引吊笼上升；卷筒放绳时，吊笼下降，完成升降运行过程。

注意：钢丝绳在卷筒上固定时，必须注意检查钢丝的捻向和卷筒旋向，（正确的固定方法详见本节"钢丝绳捻向与卷筒旋向的对应关系"）

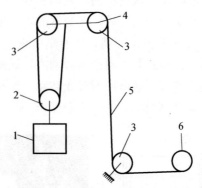

图 3-30　物料提升机牵引示意图

1—吊笼；2—笼顶动滑轮；3—导向滑轮；4—天轮；5—钢丝绳；6—卷筒

五、动力传递过程及各部位作用

动力传递过程：将电能转换为机械能做工，那么电动机就是卷扬机驱动的动力源，其动力传递过程，如图 3-31 所示：

（一）电动机

1. 三相异步电动机

电动机分为交流电动机和直流电动机两大类，交流电动机又分为异步电动机和同步电动机。异步电动机又可分为单相电动机和三相电动机，如图 3-32 所示。

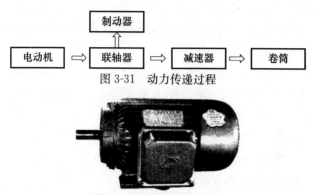

图 3-31 动力传递过程

图 3-32 三相异步电动机

2. 三相异步电动机的铭牌

电动机出厂时，都有一块铭牌，上面标有该电机的型号、规格和有关数据。

（1）铭牌的标识

电机产品型号举例：Y-132S2-2

Y——异步电动机；

132——机座号数据为轴心对底座平面的中心高（mm）；

S——短机座（S—短；M—中；L—长）；

2——铁芯长度。

（2）技术参数

① 额定功率——电动机的额定功率也称额定容量，表示电动机在额定工作状态下运行时，轴上能输出的机械功率，单位为瓦或千瓦（W 或 kW）。

② 额定电压——是指电动机额定运行时，外加于定子绕组上的线电压，单位为伏或千伏（V 或 kV）。

③ 额定电流——是指电动机在额定电压和额定输出功率时，定子绕组的线电流，单位为安培（A）。

④ 额定频率——额定频率是指电动机在额定运行时电源的频率，单位为赫兹（Hz）。

⑤ 额定转速——额定转速是指电动机在额定运行时的转速，单位为每分钟转数（r/min）。

⑥ 接线方法——目前电动机铭牌上标出的接法有两种，一种是额定电压为 380V/220V，接法为 Y/△（星型接法/三角形接法）；另一种是额定电压 380V，接法为△。

3. 电动机的检查

（1）启动前对电动机的检查。

① 电气设备是否有漏电现象。

② 电网电压是否正常，允许浮动范围（380±5）V（即：380V 电压，应在 360～400V 范围内）。

（2）运行中对电动机的检查。

运行中发现下列情况时，必须立即停机检修。

① 发现电气设备漏电。

② 启动器、接触器的触电发生火弧或烧毁。

③ 电动机在运行中温升过高或齿轮箱有不正常声响。

④ 电压突然下降。

⑤ 防护设备脱落。

⑥ 有人发出紧急停止信号。

（二）各部位作用

电动机——卷扬机的动力机，其作用是将电能转换为机械能做功。

制动器——起安全、制动（刹车）作用。

联轴器——在这里主要是连接电动机和减速器两轴，以传递运动和扭矩。如用弹性联轴器，还可起缓冲减振作用。

减速器——作用是将电动机输出的高转速降低为所需要的工作速度。

卷筒——卷扬机的工作机构，通过卷筒缠绕钢丝绳提升或拖拽物件面做功。

机架——卷扬机各组成机构的连接和支承部分，也是设备安装的基座。

六、制动器

(一) 制动器的分类

1. 制动器可以分为摩擦式和非摩擦式两大类。

(1) 摩擦式制动器。靠制动件与运动件之间的摩擦力实现制动。

(2) 非摩擦式制动器。制动器的结构形式主要有磁粉制动器（利用磁粉磁化所产生的剪力来制动）、磁涡流制动器（通过调节磁电流来调节制动力矩的大小）以及水涡流制动器等。

2. 按制动件的结构形式又可分为外抱块式制动器、内张蹄式制动器、带式制动器、盘式制动器等。

3. 按制动件工作状态还可分为常闭式制动器（常处于紧闸状态，需施加外力方可解除制动）和常开式制动器（常处于松闸状态，需施加外力方可制动）；按操纵方式也可分为人力、液压、力操纵的制动器。

(1) 常闭式制动器。在机构处于非工作状态时，制动器处于闭合制动状态；在机构工作时，操纵机构先行自动松开制动器。

(2) 常开式制动器。制动器平常处于松开状态，需要制动时通过机械或液压机构来完成制动的目的。

（二）常见的制动形式

根据其构造的不同，常见的制动器有带式制动器、块式制动器、盘式制动器（盘式与锥式制动器）等三类。块式制动器在本书中作为主要介绍内容，也应是卷扬机司机熟悉和掌握的专业知识，其他两类作为一般性了解。

1. 带式制动器（也叫带式摩擦型制动器）。

利用制动带在径向环抱制动轮而产生制动力矩使之达到制动的目的，如图 3-33 所示。

注：采用带式制动器类型的卷扬机适用于一般重物牵引、张拉等作用。

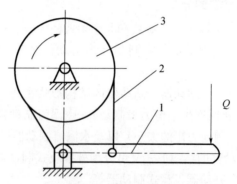

图 3-33 带式制动器

1—杠杆（手柄）；2—制动带；3—制动鼓

2. 块式制动器（也叫电磁推杆瓦块常闭式制动器）。利用两个对称布置的制动瓦块，在径向抱紧制动轮而产生制动力矩，使之达到制动的目的。

通常 JK 型建筑卷扬机所使用的制动器，按国家标准要求必须安装常闭式制动器。制动器按工作形式分有：电磁块式制动器、电力液压块式制动器和电力块式制动器等。在建筑施工现场一般选用较多的是电磁铁块式制动器（鼓式），这种制动器的结构简单、价格便宜，适应建筑施工现场作业环境。

3. 盘式与锥式制动器（也叫摩擦片型制动器）。带有摩擦衬料的盘式和锥式金属盘，在轴向互相粘紧而产生制动力矩，使之达到制动的目的，如图 3-34 所示。

注：采用盘式与锥式制动器（也叫摩擦片型制动器）的起重设备一般常见的有，如施工升降机、电动葫芦等，在此作为一般了解性的知识，在此不做更多的介绍。

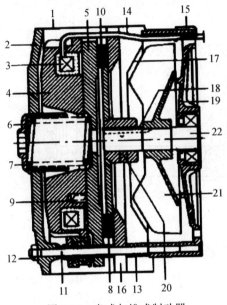

图 3-34　盘式与锥式制动器

1—防护罩；2—端架；3—磁铁线圈；4—磁铁架；5—衔铁；6—调整轴套；
7—制动器弹簧；8—可转制动盘；9—压缩弹簧；10—止动垫片；11—螺栓；
12—螺母；13—垫圈；14—线圈电缆；15—电缆夹子；16—固定制动盘；17—风扇罩；
18—键；19—电动机后端罩；20—紧定螺钉；21—电动风扇；22—电动机主轴

（三）制动器的安装位置及组成

电磁块式制动器有 JZ 型和 TJ2 型系列产品，是建筑卷扬机使用较普遍的制动器，是一种由交流电磁铁操纵的常闭式抱闸制动器。根据设计规范要求制动器应安装在动力输出的高速轴上，即：安装在电动机与减速器连接的第一轴之间。制动器主要由制动臂、制动块、制动片（衬垫）、主弹簧、辅助弹簧、推杆、电磁铁框型拉杆、调整螺栓、底座等组成，如图 3-35 所示。

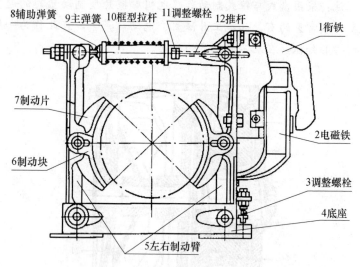

图 3-35 电磁铁块式制动器

（四）电磁制动器的工作原理

当电源输入后，电动机和电磁制动器的电路同时被接通，由于电磁铁的吸合作用，制动的闸瓦打开，电动机开始转动。

当电磁铁断电时，由制动器的压缩弹簧恢复制动状态，将弹性联轴器制动轮抱死，电动机及卷筒停止转动，达到制动作用。这就是常闭的概念，通电时，制动器是打开的。断电时，制动器是闭合的。

（五）制动器的检查

对制动器应进行定期检查，其检查内容如下：

1. 轴销连接处是否有卡住现象；

2. 制动器的全部构件运动是否正常；

3. 闸瓦是否充分地靠贴在制动轮上，摩擦表面是否完好，不得有油污及脏物；

4. 轴孔是否磨损变大；

5. 所有螺钉及螺母应拧紧；

6. 弹簧及拉板不应有损坏和裂缝；

7. 制动轮的温度不得超过200℃。

在使用电磁铁前或长期停用以后，都需要在轴销处加润滑脂，即使在平时也应定期加润滑脂。当闸瓦上石棉刹车带磨损到铆钉接近外露时，应及时更换，以免损坏制动轮。

（六）制动器闸瓦的更换方法

1. 用串在主弹簧上的调整螺母，向前旋到调整杆尾部的方头，直到电磁铁打开到必要行程，再将后面另一锁紧螺母旋紧，不使其松动；

2. 取出闸瓦上轴；

3. 将闸瓦沿制动表面转动到轮的上部即可取出；

4. 更新的闸瓦按以上相反顺序进行安装。

（七）制动器的报废标准

制动器的零件有下列情况之一的，应予报废：

1. 用20倍放大镜观察表面有裂纹；

2. 制动块摩擦衬垫磨损量达原厚度的50%；

3. 制动轮表面磨损厚度达1.5～2mm；

4. 弹簧出现塑性变形；

5. 电磁铁杠杆系统空行程超过其额定行程的10%。

（八）制动器的调整方法

1. 调整电磁铁的行程，用钳子将尾部螺母夹住转动调整杆尾部的方头，直到电磁铁打开到必要行程，再将后面另一螺母旋紧，不使其松动，如图3-36所示。

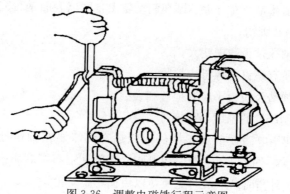

图 3-36　调整电磁铁行程示意图

2. 调整主弹簧到需要的制动力矩，夹紧前面主弹簧螺母使其不动，转动调整杆尾部方头，使压紧螺母沿调整杆移到弹簧需要的长度再使另一螺母旋紧，不使其松动，如图 3-37 所示。

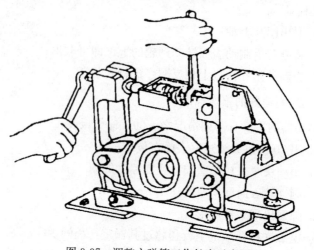

图 3-37　调整主弹簧工作长度示意图

3. 调控闸瓦的均匀退出，在以上调整好以后，调整基座上止推螺钉，使两闸瓦离开制动轮相同退出再用螺母旋紧，不便螺钉松动，如图 3-38 所示。

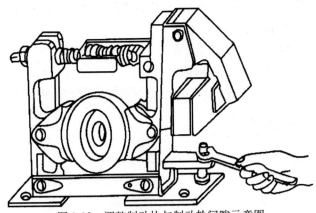

图 3-38 调整制动块与制动轮间隙示意图

4. 制动轮与制动块的调整间隙，见表 3-4。

表 3-4 制动轮与制动块的调整间隙

制动轮直径（mm）	200	300	400	500	600
调整间隙（mm）	0.7	0.7	0.8	0.8	0.8

（九）作业中出现以下情况时必须更换制动器

1. 任一零件出现裂纹、变形时应立即更换；

2. 制动器摩擦衬垫磨损量达原衬垫厚度的 50% 时应更换；

3. 制动轮工作表面磨损厚度达 2～3mm 时应更换；

4. 弹簧出现塑性变形时应更换；

5. 销轴或轴孔直径磨损达原直径的 5% 时应更换；

6. 在放松状态时，制动块与制动轮的间隙应均匀，其间隙值为 0.25～1mm，当超过此规定值时应调整制动器。

注：《规范》中规定，配置在门式、井架式物料提升机上做垂直运输使用时，必须采用可逆式卷扬机。

（十）操作前对制动器的检查内容

1. 试其动作是否灵敏、正常；

2. 润滑情况是否正常；

3. 摩擦间隙：制动带（块）与制动轮的间隙值：带与轮为 1～2.5mm；块与轮为 0.25～1mm；

4. 主弹簧的张力是否合适；

5. 制动轮表面是否干净；

6. 制动器摩擦衬垫磨损量达原衬垫厚度的 50％时应报废。

七、联轴器

用来连接主动轴和从动轴使之共同旋转以传递扭矩的机械零件。在高速重载的动力传动中，有些联轴器还有缓冲、减振和提高轴系动态性能的作用。联轴器由两半部分组成，分别与主动轴和从动轴连接。一般动力大多借助于联轴器与工作机相连接。常见的联轴器可分为刚性联轴器、弹性联轴器和安全联轴器三类。

（一）弹性联轴器

刚性联轴器是通过若干刚性零件将两轴连接在一起，可分为固定式和可移式两类。这类联轴器结构简单、成本较低，但要求两轴对中性要求较高，一般用于平稳荷载或只有轻微冲击的场合作为轴连接部件。

如图 3-39 所示，凸缘式联轴器是一种常见的刚性固定式联轴器。凸缘联轴器由两个带凸缘的半联轴器用键分别将两轴连接在一起，再用螺栓把两半联轴器连接成一体。凸缘联轴器有两种对中方法：一种是用半联轴器结合端面上的凸台与凹槽相嵌合来对中，如图 3-39（a）所示；另一种则是用凸缘法兰部分配合对中，再用连接螺栓连接，如图 3-39（b）所示。

十字沟槽滑块联轴器是一种常见的刚性制动式联轴器，如图 3-40 所示。它由两个带径向凹槽的半联轴器和一个两面具有相互垂直的凸榫的中间滑块所组成，滑块上的凸榫分别和两个半联轴器的凹槽相嵌合，可补偿两轴间的偏心差。为减少磨损，提高寿命和效率，在榫槽相间需定期施加润滑剂。当转速较高时，由于中间滑块的偏心件会产生较大的惯性离心力，会产生轴和轴承带来附加扭矩，所以只适用于低速、冲击小的场合使用。

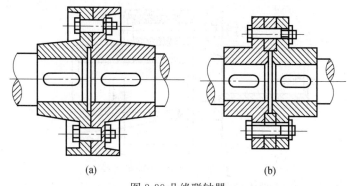

图 3-39 凸缘联轴器

（a）凹槽配合；（b）部分环配合

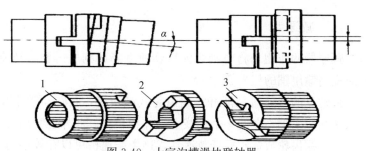

图 3-40 十字沟槽滑块联轴器

（二）弹性联轴器

弹性联轴器种类较多，弹性联轴器与十字沟槽联轴器所起的作用是一样的，都是传递扭矩和自动调节被连接的两轴的不同心度，适用于正反向变化多、启动频繁的高速轴上，如图 3-41 所示，是一种常见的弹性联轴器。它由两个半联轴器、栓销和缓冲橡胶圈组成。

（三）安全联轴器

安全联轴器具有一个能承受限定扭矩的保险性能，当实际扭矩超过限定的扭矩时，使其保险环节就发生变化，阻止或截断运转运动和动力的传递，从而保护机器的轴、齿轮部分不致损坏。

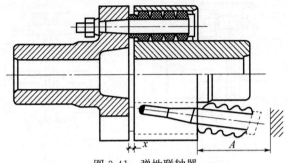

图 3-41　弹性联轴器

注意：联轴器连接螺栓上的缓冲圈是橡塑品，属于易损件，当发现缓冲橡胶磨损过甚后必须及时进行更换。

八、减速器

减速器的作用是将电动机的旋转速度降低到所需要的转速，同时提高输出轴的扭矩。

最常见的减速机是渐开线斜齿轮式减速机，其转动效率高，输入轴和输出轴不在同一个轴线上，体积较大。此外也有用行星齿轮、摆线齿轮或蜗轮蜗杆减速器，这类减速机可以在较小的空间获得较大的传动比。卷扬机的减速机还需要根据输出功率、转速、减速比和输入输出轴的方向位置来确定其形式和规格。

卷扬机的减速机通常是齿轮传动，多级减速，如图 3-42 所示。

减速器的检查

（1）日常检查减速器（箱）内润滑油面高度（油面过低达不到润滑的效果，油面过高或过满会造成油温升高）。

（2）根据北京地区的气候温度，要求建筑卷扬机齿轮箱通常采用齿轮油作为减速器的润滑油；

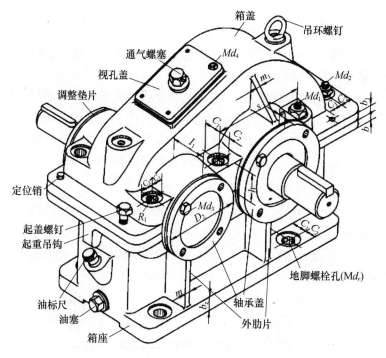

图 3-42 单级圆柱齿轮减速器立体图

① 冬季——用 HJ-20 齿轮油。

② 夏季——用 HJ-30 齿轮油。

资源-单级圆柱齿轮减速器装配图（二维码）

九、卷筒

卷筒是卷扬机的重要部件，卷筒是由筒体、连接盘、轴以及轴承支架等组成的。

卷扬机的钢丝绳卷筒（驱动轮）是供缠绕钢丝绳的部件，它的作用是卷绕缠放钢丝绳，传递牵引动力的，把旋转运动变为直线运动，也就是将电动机产生的动力传递到卷筒来卷或放钢丝绳来牵引重物，使之实现垂直升降或水平牵引重物的目的。

（一）卷筒种类

1. 按照钢丝绳在卷筒上的卷绕层数分，卷筒分单层绕绳和多层绕绳两种。

2. 卷筒表面有光面（无槽）的为多层绕绳卷筒，使卷筒上的钢丝绳可用于多层卷绕，容绳量大，如图 3-43 所示。

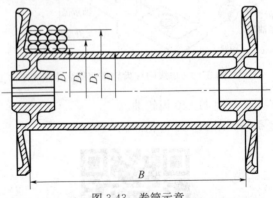

图 3-43　卷筒示意

3. 卷筒表面带槽的卷筒，带槽面的卷筒可使钢丝绳沿绳槽排列缠绕整齐，但仅适用于单层卷绕，因其容绳量受到限制，故此不适合在物料提升机上使用（在此不做介绍）。

（二）钢丝绳端在卷筒上的固定

钢丝绳在卷筒上的固定通常使用压板螺栓或楔块，固定的方法一般有楔块（楔孔）拉紧固定法、长条钢板压紧固定法和螺栓压板压紧固定法，如图 3-44 所示。

1. 楔块（楔孔）拉紧固定法，如图 3-44（a）所示。此固定法常用于直径较小的钢丝绳，不需要用螺栓，适于多层缠绕钢丝绳的卷筒。

2. 长条钢板压紧固定法，如图 3-44（b）所示。此固定法通过螺栓的旋紧力来压紧长条钢板，将带槽的长钢板条沿钢丝绳的轴向将绳端压紧固定在卷筒上。

3. 螺栓压板压紧固定法，如图 3-44（c）所示，利用螺栓和压板固定钢丝绳，压板数至少为 2 个。此固定方法简单，安全可靠，便于观察和检查，是最常见的固定形式，其缺点是所占卷筒空间较大，不适用于多层卷绕钢丝绳的卷筒。

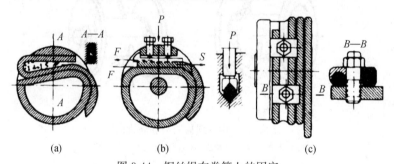

图 3-44 钢丝绳在卷筒上的固定

（a）楔块固定；（b）长条钢板固定；（c）压板固定

注：不论采用何种固定方法，当物料提升机吊筒降至最低（地面）位置时，卷筒上钢丝绳必须保留不少于 3 圈安全圈。

（三）钢丝绳捻向与卷筒旋向的对应关系

钢丝绳在卷筒上固定时，必须注意检查钢丝绳的捻向。如：左交互捻、右交互捻两种型号的钢丝绳可用于左旋卷筒，也可用于右旋卷筒。左捻、右捻两种绳与滚筒旋向有一定的对应关系，选对了钢丝绳捻向，才能延长钢丝绳的使用寿命。钢丝绳在卷筒上的缠绕方向，必须是使钢丝绳紧捻而不是松捻的方向缠绕，捻向与旋向可用左右手定则判断，伸出右手拇指指向绳头固定端，手背朝上表示上出绳，手背朝下表示下出绳，面向提升方向，若为左手，则为左绳，如图3-45所示。

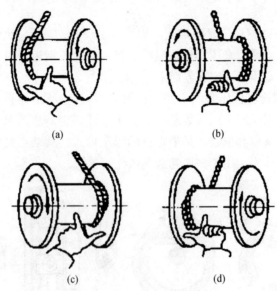

(a)   (b)

(c)   (d)

图3-45　钢丝绳捻向与卷筒旋向

（a）上卷式左入口卷筒；（b）下卷式右入口卷筒；

（c）上卷式右入口卷筒；（d）下卷式左入口卷筒

1. 右捻绳

上卷式左入口卷筒的钢丝绳缠绕固定形式，如图3-45（a）所示，从左往右排列这样钢丝绳会越捻越紧，不会产生钢丝绳松散现象。

下卷式右入口卷筒的钢丝绳缠绕固形式，如图3-45（b）所示，从右往左排列这样钢丝绳会越捻越紧，不会产生钢丝绳松散现象。

2. 左捻绳

上卷式右入口卷筒的钢丝绳缠绕形式，如图 3-45（c）所示，从右往左排列这样钢丝绳会越捻越紧，不会产生钢丝绳松散现象。

下卷式左入口卷筒的钢丝绳缠绕形式，如图 3-45（d）所示，从左往右排列这样钢丝绳会越捻越紧，不会产生钢丝绳松散现象。

第八节 卷扬机的设置与固定

一、卷扬机的设置

（一）场地要求

1. 地面坚实、平整，不能有积水和杂物，距电源线特别是高压线要保证有足够的距离。

2. 基础应有排水措施。距基础边缘 5m 范围内，不应开挖沟槽或有较大振动的施工。

（二）卷扬机基础

1. 短期使用的可在卷扬机后方埋设地锚，用钢丝绳将卷扬机固定牢固。

2. 如遇土质较差，其地耐力不能满足物料提升机卷扬机使用说明书中要求时，应采用混凝土浇筑基础，用地脚螺栓固定卷扬机。

（三）混凝土基础要求

1. 混凝土应采用 C20，其厚度在 400～600mm，如图 3-46 所示。

2. 图中尺寸见表 3-5、表 3-6，图中 Y 为预埋钩头螺栓。

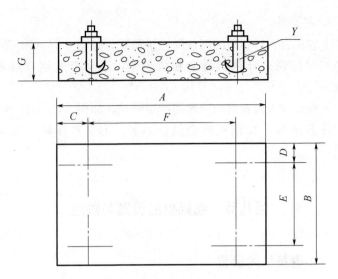

图 3-46　卷扬机混凝土基础

表 3-5　JKL 型卷扬机混凝土基础尺寸（mm）

型号	A	B	C	D
JKL-1.6	1650	1350	200	200
JK-L2	1650	1350	200	200
JKL-3.2	1770	1135	200	200
JKL-5	1910	1020	200	200

型号	E	F	G	Y
JKL-1.6	630	1250	400	M16×400×4
JKL-2	630	1250	400	M16×400×4
JKL-3.2	735	1378	500	M20×450×6
JKL-5	1220	1520	600	M20×550×6

表 3-6 JM 型慢速卷扬机混凝土基础尺寸 (mm)

型号	A	B	C	D	E	F	G	Y
JM-2	1150	1340	200	200	940	705	450	M16×400×4
JM-3.2	1415	1400	200	200	1000	1015	450	M20×400×4
JM-5	1824	1390	210	210	970	1404	500	M24×400×6
JM-8	2200	2200	250	220	880×2	1700	600	M24×400×6
JM-10	2200	2200	250	220	880×2	1700	600	M24×40×6

(四) 卷扬机的设置

卷扬机的设置（即安装位置）应注意下列儿点：

1. 卷扬机安装位置周围必须排水畅通并应搭设防雨、防砸操作棚。

2. 卷扬机的安装位置应能使操作人员看清指挥人员和吊笼升降过程，操作者视线仰角应小于 45°（尽量避免强光直接照射操作手的角度）。

3. 在卷扬机正前方应设置导向滑车，如图 3-47 所示，导向滑车至卷筒轴线的距离，带槽卷筒应不小于卷筒宽度的 15 倍，即倾斜角 α 不大于 2°，无槽卷筒应大于卷筒宽度的 20 倍，以免钢丝绳与导向滑车槽缘产生过度的磨损。

4. 钢丝绳缠绕卷筒的方向与卷筒轴线垂直，其垂直度允偏差为 2°，这样能使钢丝绳圈排列整齐，不致斜绕和互相错叠挤压。

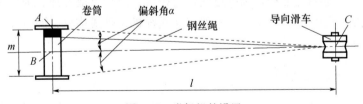

图 3-47 卷扬机的设置

二、卷扬机的固定

卷扬机必须用地锚予以固定，以防工作时产生滑动或倾覆。根据受力大小，固定卷扬机的方法大致有螺栓锚固法、水平锚固法、立桩锚固法和压重锚固法四种，如图 3-48 所示。

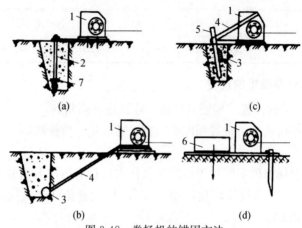

图 3-48　卷扬机的锚固方法

（a）螺栓锚固法；（b）水平锚固法；（c）立桩锚固法；（d）压重锚固法

1—卷扬机；2—地脚螺栓；3—横木；4—拉绳；5—木桩；6—压重；7—压板

第九节　锚桩

在起重作业中，锚桩是固定卷扬机、滑车及拖拉绳、缆风绳用的。锚桩的种类很多，一般有立式锚桩、卧式锚桩、混凝土锚桩等。

一、立式锚桩

立式锚桩（又称桩锚），允许拉力较小。锚柱（桩）可以用圆木、枕木或型钢，锚柱的尺寸大小需根据锚柱的受力，通过计算来确定。立式锚桩根据锚柱入土（或岩石）的方式不同，又可分为埋桩锚桩、打桩锚桩等。

（一）埋桩锚柱

将锚柱（圆木、枕木或型钢）倾斜放在预先挖好的锚坑中，在锚柱的上部（距地面 0.3m 左右）前方和锚柱下部后方横放一根长 1.0m 的横向挡木，将斜放的锚柱卡住，以加大坑壁面的受力面积，然后用土填埋夯实。锚坑深度一般不小于 1.7m，锚柱略向后倾斜，角度约为 10°～15°左右，如图 3-49 所示（埋桩锚桩对土壤的承载力要求较高，须经土壤的承载力的计算，且坑内土填埋夯实控制难度较大）。

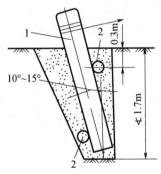

图 3-49　立式锚桩

1—锚柱；2—挡木

（二）打桩锚桩

打桩锚桩的锚柱常用直径在 18～30cm 的圆木桩（枕木或型钢）打入土中，桩柱略向受力相反方向频斜，倾斜角度约为 10°～15°左右，桩柱的长度约在 2.0m 左右。受力钢丝绳系结在距地面大约 0.3m 的锚柱上。锚柱打入深度约为 1.7m，在每一根柱的前方（紧贴锚柱）下面埋入一根长约 1m 的桩木（横向挡木），以增加土壤的承压面积，桩木（横向挡木）埋入深度约为 0.3m，如图 3-50 所示。

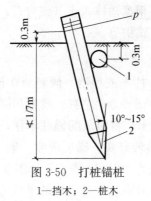

图 3-50　打桩锚桩

1—挡木；2—桩木

选择桩的位置时，需了解土壤的承载力，如果承载力不够，可采用两根或三根锚柱连在一起使用，形成组合桩，如图 3-51 所示（打桩锚桩对土壤的承载力要求很高，须经土壤的承载力的计算，此种做法只适用于一般拉力小于 100kN 以下的小型卷扬机）。

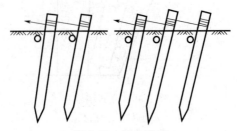

图 3-51　组合锚桩

（a）二联；（b）三联

打桩锚桩的施工比较简单，尤其在施工现场有打桩机时更方便。打桩锚桩的承载力不是很大，一般拉力小于 100kN，用于固定卷扬机还是能够满足的。

不加挡木打桩锚桩，其锚桩允许拉力可参见表 3-7，选用时应注意条件，并通过工程技术人员计算核定，使用前要试拉。

表 3-7　锚桩允许拉力

锚柱根数	单根				双联根			三联根		
允许拉力（kN）	10	15	20	30	40	50	60	80	100	
锚柱直径（mm）　第一根		180	200	220	220	250	260	280	300	330
锚柱直径（mm）　第二根					200	220	240	220	250	260
锚柱直径（mm）　第三根								200	220	240
土壤允许耐压力（kPa）		150	200	280	150	200	280	150	200	280

二、卧式锚桩

卧式锚桩（又称坑锚或捆龙地锚），由于这种锚桩的敷设工作比较繁琐，而且使用的木材也比较贵，近年来以钢筋混凝土锚桩替代圆木比较普遍，基本形式相同。这种锚桩多用于栀杆起重机、井字架、门架的揽风绳固定及托运大型设备时滑车组的固定。对建筑卷扬机门架的固定需要用卧式锚桩，卧式锚固桩如图 3-52 所示。

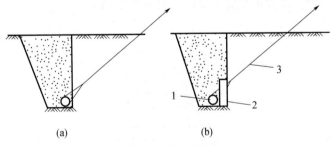

图 3-52　卧式锚桩

(a) 无挡木；(b) 有挡木

1—横木；2—挡木；3—引出钢丝绳

卧式锚桩（坑锚）在埋设前根据锚桩的长短挖锚坑，将钢丝绳栓在锚碇（可用圆木、枕木、混凝土梁等抗弯构件）的中间一点或两点，横放在坑底，并将钢丝绳在坑前部斜向引至地面，倾斜坡度一般在 30°～45°之间，然后用较干燥的土壤及碎石填夯实。

卧式锚桩中又分无挡木和有挡木两种，由于近年来木材的匮乏和地锚的吨位增大，现用较多的是以钢筋混凝土构件来替代木材卧式锚桩的埋设深度，锚桩所采用的材料、引出钢丝绳的直径及在锚桩上的系结方式等，应根据承载力的大小和土壤性质，根据计算而定。为了使锚桩在土壤中保持良好的稳定状态，必须对锚柱的抗拔力和抗拉力及锚桩的强度进行计算核定。

锚桩的抗拔力是指锚桩在垂直向上的分力作用下，锚桩抵抗向上滑动的能力。锚桩的抗拉力是指锚桩在水平向前分力作用下，锚桩抵抗向前移动的能力。

三、混凝土锚桩

混凝土锚桩既可以当做活动锚桩又可以当做坑锚使用。它的敷设比较简单，承受拉力较大，一次投资可以使用很长时间。对于在固定场所使用的卧式锚桩（永久性）和荷载很大而土壤质量不好的情况应使用混凝土锚桩，如图 3-53 所示。

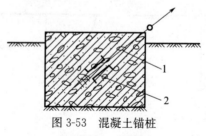

图 3-53　混凝土锚桩
1—拉杆；2—横梁

混凝土锚桩是利用预制钢筋混凝土块，内置有横梁、拉杆引出。安装时，应将其放置在坑内，以增加抗拉力和稳定性。预制钢筋混凝土块时，对水泥强度等级一定要提出明确要求，确保混凝土强度。对混凝土锚桩的拉杆（环）也要做能力核算。制作时要预制出吊耳以利于装卸运输。

四、锚桩的安全技术要求

（一）锚桩的埋设要求

1. 锚桩基坑开挖时，必须按设计或施工要求的尺寸施工，基坑回填时，每隔 300mm 夯实一次，并高出基坑四周 400mm 以上。

2. 在山区或坡度较大的地区施工时，当锚桩在前坡时，应选择局部小平面或开出一个水平面。基坑前的挡土厚度不得小于基坑深度的 3 倍。

3. 利用预制钢筋混凝土块做活动锚桩时，应在其放置地点挖一地坑，以增加抗拉力和稳定性。

4. 用多块预制钢筋混凝土的组合体做锚桩时，对组合体可采用凹凸形式或其他形式连接成一个稳固的整体。

5. 拉索与锚桩的连接处，需用角钢衬垫，以防止应力集中损坏锚桩。

（二）锚桩的安全技术要求

1. 锚桩的受力大小和方向必须按设计方案要求设置，拉索和锚桩应垂直，允许偏角小于或等于 5°（≤5°）。

2. 确定锚桩位置时，锚桩坑基的前方（坑深 2.5 倍的距离内）不得有地沟、电缆沟、地下管道等，锚桩埋设处平整、不潮湿、无积水。以防止雨水渗入基坑内泡软回填土，降低承载力，影响锚桩的正常使用。

3. 埋入式锚桩应根据施工地区的土质情况进行计算或选用适合当地使用的地锚图册。

4. 卧式锚桩（坑锚）的埋入材料应做防腐处理，特别是使用木质锚桩时，不得有腐朽虫蛀、枝杈。

5. 回填土之前，应按要求检查，并做好隐蔽工程的记录。

6. 应安排专人检查监护，如发生变形、移位，应立即采取措施修整。

7. 起重吊装使用的地锚，应严格按设计进行制作，并做好隐蔽工程记录，使用时不准超载。

8. 地锚坑宜挖成直角梯形状，坡度与垂线的夹角以 15°为宜。地锚深度根据现场综合情况决定。

9. 地锚周围不得积水。

10. 地锚不允许沿埋件顺向设置。

11. 锚桩安装完毕，应经过试拉后，各设计指标均达到要求，方可正式使用。使用时应安排专人检查监护，如发生变形、移位，应立即采取措施修整。

第十节　几种常见（物料提升机）安装、拆卸工艺

例 1：SMZ150-1 型《×××公司制造生产》

一、基本概述

SMZ150－1 型物料提升机是一种新型的垂直运输机械，适用于建筑结构、内外装饰及房屋维修等各类工程。具有适用性广、架设方便、使用安全、价格便宜等优点，如图 3-54 所示。

1. 本机设有自升装置，架设、拆卸靠本身设置的工作机构可独立完成。高度随着建筑物的升高而升高，架设省力，费用低。

2. 采用附着杆附着，不用缆风绳，改善施工条件，不受场地狭小所限。

3. 架设、拆卸时，始终有两立柱连成一体，工作平稳，安全可靠。

4. 采用手动倒链提升自升平台，用扒杆安装标准节，劳动强度低。

5. 采用断绳安全保护装置，一旦因故断绳，设置在吊笼两侧的卡板将吊笼卡滞在空中，阻止了吊笼坠地造成的蹲笼事故的发生。结构示意如图 3-54 所示。

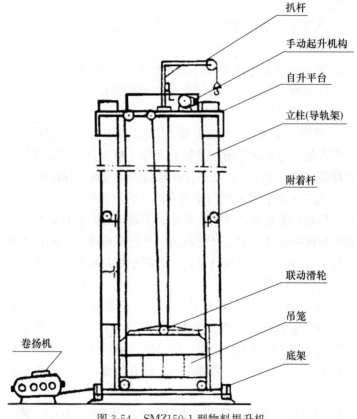

图 3-54 SMZ150-1 型物料提升机

注意：吊笼卡板拉簧 2 个月更换一次。

6. 设有停层装置，可根据需要选择停层装置。本机出厂基本高度为 24m。

二、主要部件

该机主要部件由底架、立柱（导轨架）、吊笼、自升平台、联动滑轮等组成。

1. 底架：由槽钢拼焊而成，它将立柱连成一体，同时又是整机的支撑基础。

2. 立柱：又起导轨架的作用，由多个标准节组成。标准节由角钢拼焊而成，节间由 6 条 M16×40 螺栓连接，导轨架高度由用户根据所需建筑高度自行选定。

3. 吊笼：是提升物料的主要工作机构，由型钢组焊而成。侧柱上有滚轮，起导向作用。吊笼上方有 4 根卡板做停靠保险，可自由伸缩搭在支架上，以便吊笼在楼层停留时起支撑作用。

4. 自升平台：是改变门架起升高度的主要机构。平常又起提升衡量作用，上装起升滑轮、套架、手动倒链、扒杆，它把两立柱始终连成一整体门架，又可利用扒杆增减标准节，利用手动倒链实现平台升降，配有自升平台，是新型物料提升机与老式物料提升机的主要区别。

5. 联动滑轮：位于吊笼上方，正常工作时，通过它提起吊笼，当钢丝绳破断时，联动滑轮随自重下落，由弹簧牵动联动杆，带动吊笼上的双保险卡板，使吊笼可悬挂于立柱的任一位置水平杆上，防止坠地。故障排除后，提升吊笼，保险卡复位，吊笼正常工作。

6. 卷扬机：是提升吊笼的动力机构，固定在立柱的一侧，属于单独的配套机构。

三、安装

（一）安装的场地要求

1. 场地要求平整夯实，基础承载能力强，禁止在松土或沉陷不均的基础上安装。基础承载能力要求大于 8t/㎡。

2. 在 4m×4.5m 立柱安装场地范围内，排水通畅，不得有积水浸泡基础。

3. 基础水平面偏差每米应不大于 3mm。

4. 立柱安装后，要求在两个方向上进行垂直度检查，倾斜度应保证在 1.5‰ 以内，达不到标准，应在底梁下塞垫调整垫片，直到调整到符合要求为止。

要求：地基承载力不小于 80kPa；混凝土强度（等级）不小于 C20，其厚度不小于 300mm，如图 3-55 所示为混凝土基础图。

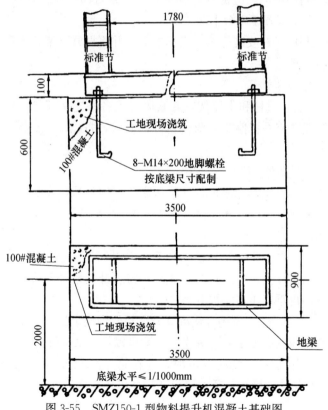

图 3-55　SMZ150-1 型物料提升机混凝土基础图

（二）安装步骤

1. 安装底梁。

2. 放置自升平台就位，使套架中心线与立柱中心线重合。

3. 将第一组立柱标准节放入套架内，底端与底梁用螺栓连接。

4. 将提升支架置于装好的两立柱顶端。

5. 安装手动倒链于自升平台上。

6. 将扒杆安装于自升平台上。

7. 利用手动倒链提升自升平台，直到台面与立柱顶面平齐，取下提升支架置于平台上。

8. 利用扒杆安装好第二组标准节，并将提升支架置于第二组标准节顶部。

9. 重复步骤 7。

10. 安装撑杆和附墙架，并紧固以上各件连接螺栓，检查安装好的标准节垂直偏差，调整到符合要求，每隔 3m 安装一道附墙架。

11. 安装卷扬机。

12. 放进吊笼，按图 3-55 所示穿绕好钢丝绳，安装好联动安全装置；此时，门架升降机就基本安装就绪。以下主要是如何实现升降。

13. 将第三组标准节送入吊笼，起升吊笼到接近极限高度，然后利用扒杆安装好第三组标准节，将提升支架置于第三节标准节顶部，再重复步骤 7 提升平台。

14. 按步骤 13 所述方法继续升高门架到规定的第一次使用高度，在相应的高度上安装好支架，就可以投入试运行。

15. 当门架架设超过 6m 时，应在第 6m 处设置第一道附着，以后每间隔 3m 增加一道，以保证门架工作平稳为准。

（三）安装技术要求

1. 立柱兼作导轨架，为吊笼运行滚动的轨道，其标准节接头处阶差应小于 1mm，安装时必须注意调整。

2. 立柱全高的垂直度偏差应不大于 1.5‰。

3. 各连接螺栓必须紧固。

4. 高空作业人员必须有高空作业的身体条件，系好安全带，门架下和立柱周围 2m 内禁止站人，以防物体跌落伤人。

5. 四级风以上禁止安装作业。

四、拆卸步骤

拆架基本按照与安装步骤相反的次序进行。

1. 先拆除上部附着架。

2. 放下吊笼，再落自升平台，即将手动倒链的提升支架置于立柱顶部，先稍向上提升平台，拉动自翻卡板尾部绳子使卡板倾斜离开立柱，并将绳端系在平台上，保持卡板倾斜。反摇手动倒链使平台下移一个标准节，放松卡板尾绳，使平台卡在下移的标准节上，从柱顶取下提升支架置于平台上，并上升吊笼。

3. 用平台上的扒杆，将上一节标准节卸下，放入已上升的吊笼内，将卸下的标准节运至地面卸下来，再按步骤 2 放下下一个标准节。如此重复，将标准节一组一组地拆下去。

4. 当需要拆哪一组附着架时就拆哪一组，不可把所有附着架同时拆除，以防拆架时晃动。

5. 拆到只有两组标准节时，就开始拆下吊笼、卷扬机、撑杆，放下平台，卸标准节。

五、维护、保养及运输

1. 卷扬机、起升滑轮轴承要经常加注润滑油。卷扬机按其使用说明书注油。润滑轴承加注 ZG-2 润滑油。

2. 一般情况下每月或暴雨后，需对门架升降机基础沉陷、螺栓紧固、钢丝绳磨损、立柱是否倾斜等进行一次全面检查，发现问题及时维修。

3. 每项工程结束，对卸下的标准节、吊笼、平台等结构要全面清洗，除锈刷漆。对电机、手动倒链进行维修保养。

4. 储藏时禁止杂乱堆放、碰撞、挤压，并按顺序放好。转场运输时要捆绑牢固。

例2：SMZ-150、180型门架式物料提升机（×××建筑机械厂制造）

一、基本概述

SMZ150型、180型门架式物料提升机是一种新型的垂直运输机械，适用于建筑结构、内外装饰及房屋维修等各类工程。具有适用性广、架设方便、使用安全、价格便宜等优点。如图3-57所示。

本机与普通建筑类升降机比较有以下几方面的特点：

1. 本机设有自升装置，架设、拆卸靠本身设置的工作机构可独立完成，高度随着建筑物的升高而升高，架设省力、费用低。

2. 采用附着杆附着，不用缆风绳，改善了施工条件，不受场地狭小所限。

3. 架设、拆卸时，始终有两立柱连成一体，工作平稳，安全可靠。

4. 采用手摇卷扬机提升自升平台，用扒杆安装标准节，劳动强度低。

5. 采用断绳安全保护装置，一旦因故断绳，设置在吊笼两侧的卡板将吊笼卡滞在空中，阻止了吊笼坠地事故的发生。

6. 设有一定的安全保护装置，提高了安全可靠性，但禁止载人升降。本机以基本高度为24m设计。

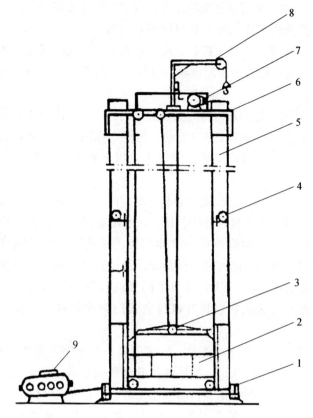

图 3-56　SMZ150、180 型门架式物料提升机

1—底架；2—吊笼（篮）；3—联动滑轮（动滑轮）；4—附着装置；5—立柱（导轨架）；
6—自升平台；7—手动起重机；8—扒杆；9—卷扬机

二、主要部件

　　该机主要部件有底架、立柱（导轨架）、压重梁、卷扬机、吊笼、自升平台、联动滑轮、附着装置等组成。

　　1. 底架：由槽钢拼焊而成，它将立柱、压重梁连成一体，同时又是整个机具的支承基础。

2. 立柱：又起导轨架的作用，由多个标准节组成。标准节由角钢拼焊而成，节间由 4 条 M18 螺栓连接。

3. 压重梁：由型钢拼焊而成。它与支点（现浇混凝土块）连接，亦可在压重梁上压配重块，但每个支点不少于 1.5t（每侧不少于 3t）。

4. 吊笼：是提升物料的主要工作机构，由型钢组焊而成。侧柱上有滚轮，可沿立柱主弦滚动，起导向作用。下有用弹簧连接的两根钢管，可以自动搭在支架上，以便在空中停留时起支撑作用。

5. 自升平台：是改变门架起升高度的主要机构。平常又起提升横梁作用，上装起升滑轮、套架、手动卷扬机、自翻卡板和扒杆，它把两立柱始终连成一整体门架，又可利用扒杆增减标准节，利用手动卷扬机实现平台升降，通过自翻卡板自动停在所需高度的立架横梁上，从而改善了门架的起升高度，配有自升平台，是新型门架式物料提升机与老式门架式物料提升机的主要区别。

6. 支架：系角钢组焊件，固定于某一标准节下部水平杆上，高度由进出料位置选定，当吊笼提升到所选定的高度，通过其下两根弹簧连接的两根钢管自动搭在支架上，方可进出料。

7. 联动滑轮：位于吊笼上方，正常工作时，通过它提起吊笼，当钢丝绳破断时，联动滑轮随自重下落，由弹簧牵动联动杆，带动吊笼上的双偏心轮运动，双偏心轮互相挤压自锁，使吊笼可悬挂于立柱的任一位置水平杆上，防止坠地。故障排除后，提升吊笼，双偏心轮复位，吊笼正常工作。

8. 附着装置：附着杆一端用螺栓与标准节相连，另一端通过预埋件或紧固件与建筑物墙体连接，门架升高后工作平稳。

9. 卷扬机：是提升吊笼的动力机构，固定在立柱的一侧，属于单独的配套机构。

三、安装

（一）安装场地要求

场地要求平整夯实，基础承载能力强，禁止在松土或沉陷不均的基础上安装。基础承载能力要求大于 80kPa，基础混凝土强度等级不应低于 C20，厚度不应小于 300mm（如图 3-57 所示）。

1. 基础必须夯实，承载力大于 $8t/m^2$，底架水平允许差 1/1000。

2. 地脚螺栓 M20×1250，螺纹长度 60，弯肢部分 300。

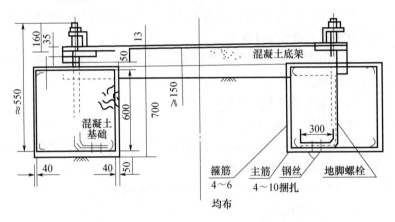

图 3-57　SMZ150、180 门架式物料提升机基础图

3. 在 4×4.5m 立柱安装场地范围内，排水畅通，不得有积水浸泡基础。

4. 基础水平面偏差每米应不大于 10mm。

5. 立柱安装后，要求在两个方向上进行垂直度检查，倾斜度应保证在 1‰ 以内，达不到标准，应在底架下塞调整片，直到调整到符合要求为止。

（二）安装步骤

1. 安放底架。

2. 放置自升平台就位，使套架中心线与立柱中心线重合。

3. 将第一组立柱标准节放入套架内，底端与底架用螺栓连接。

4. 将提升滑轮置于安装好的两立柱顶端。

5. 安装手动卷扬机于自升平台上，并按规定的绕绳方式穿好提升钢丝绳。

6. 将扒杆安装于自升平台上。

7. 利用手动卷扬机提升自升平台，直到台面与立柱顶面平齐，取下提升滑轮置于平台上。

8. 利用扒杆安装好第二组标准节，并将提升滑轮置于第二组标准节顶部。

9. 重复步骤 7 提升平台。

10. 安装、固定压重梁。

11. 安装撑杆、并紧固以上各连接螺栓，检查安装好的标准节垂直偏差，调整到符合要求。

12. 检查压重（或安装压重）连接是否可靠。

13. 安装卷扬机。

14. 放进吊笼，按图所示穿绕好钢丝绳，安装好联动安全装置。

此时，门架式物料提升机基本安装就绪。以下主要是如何实现升降。提升平台穿绳示意图如图 3-58 所示。

15. 将第三组标准节送入吊笼，起升吊笼到接近极限高度，然后利用扒杆安装好第三组标准节，将提升滑轮置于第三节标准节顶部，再重复步骤 7。

16. 按步骤 15 所述方法继续升高门架到规定的第一次使用高度，在相应的高度安置好支架．就可以正式投入使用。

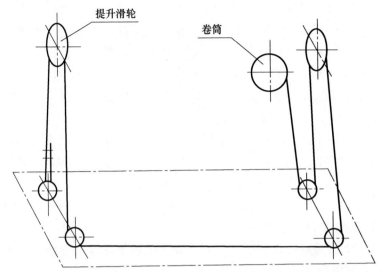

图 3-58　提升平台穿绳示意图

17. 当门架搭设高度超过 15m 时，应在第 6m 处设置第一道附着，以后每间隔 6m 增加一道，以保证门架工作平稳为准。

（三）安装中技术要求

1. 导轨架，为吊笼运行滚动的轨道，其接头处阶差应小于 0.5mm，安装时必须注意调整。

2. 立柱全高的垂直度偏差应不大于 1‰。

3. 各连接螺栓必须紧固。

4. 高空作业人员必须具有高空作业的身体条件，系好安全带，门架下和立柱周围 2m 内禁止站人，以防物体跌落伤人。

5. 四级风以上禁止安装作业。

四、拆卸步骤

拆架基本按照与安装步骤相反的次序进行。

1. 先拆除支架。

2. 放下吊笼，再落自升平台，即将手动卷扬机的提升滑轮置于立柱顶部，先稍向上提起平台，拉动自翻卡板尾部绳子使卡板倾斜离开立柱，并将绳端系在平台上，保持卡板倾斜。反摇手动卷扬机使平台下移一个标准节，放松卡板尾绳，使平台卡在下移的标准节上，从柱顶取下提升滑轮置于平台上，并上升吊笼。

3. 用平台上的扒杆，将上一节标准节卸下，放入已上升的吊笼内，将卸下的标准节运至地面卸下来，再按步骤 2 卸下一个标准节，如此重复，将标准节一组一组地拆下去。

4. 当需要拆哪一组附着时就拆哪一组，不可把所有附着架同时拆除，以防拆架时晃动。

5. 拆到只有两组标准节时，就开始拆下吊笼、卷扬机、撑杆，放下平台，卸标准节。

五、维护、保养及运输

1. 卷扬机、起升滑轮轴承要经常加注润滑油。卷扬机按其使用说明书注油。滑轮轴承加注 ZG-2 润滑油。

2. 一般情况下每月或暴雨后，需对门架式物料提升机基础沉陷、螺栓紧固、钢丝绳磨损、立柱是否倾斜等进行一次全面检查，发现问题及时维修。

3. 每项工程结束，对卸下的标准节、吊笼、平台等结构要全面清洗，除锈刷漆。电机、手动卷扬机要进行维修保养。

4. 储藏时禁止杂乱堆放、碰撞、挤压，要按顺序放好，转场运输时要捆绑牢固。

例 3：XSA120 型安全龙门架（×××卷扬机厂制造）

一、基本概述

性能价格比高，安装方便，该机设有符合国家标准的全套安全装置，使用安全，整机采用刚性附着、标准节自助接高方式，提升高度大，能够满足各类工业民用建筑及铁路，公路的高大桥墩等建筑施工中的物料垂直提升要求。特别是对高大建筑施工可大大减轻司机的劳动强度，提高工作效率。主要特点如下：

1. 安全装置齐全、可靠，操作简便，能有效避免因司机误操作造成的各种安全隐患。主要功能如下：

（1）防坠安全装置，能有效避免由钢丝绳破断、卷扬机溜车造成的吊笼坠落事故。

（2）吊笼门与安全销连锁。门开，安全销锁住吊笼，防坠，可安全装卸货物；门关，安全销自动收回，可以升降操作。

（3）上、下极限限位。龙门架架体或卷扬机轴端均可安装上、下极限限位，上防冲顶下防蹲笼引发松绳拖地。

2. 吊笼内空尺寸大，并有防护顶棚。

3. 采用刚性附墙架，架体稳固，避免了缆风绳对施工现场要求大的弊病。

4. 标准节自助接高、自助拆卸，可排除对高大起重机的依赖。

5. 提升高度大，可随施工高度增加起升高度，最高可架设 100m。

6. 本机可根据具体使用情况配置 1t 或 2t 的电控卷扬机，方便灵活。

二、整机结构形式及主要技术性能参数

整机结构形式如图 3-59 所示。主要技术参数见表 3-8。

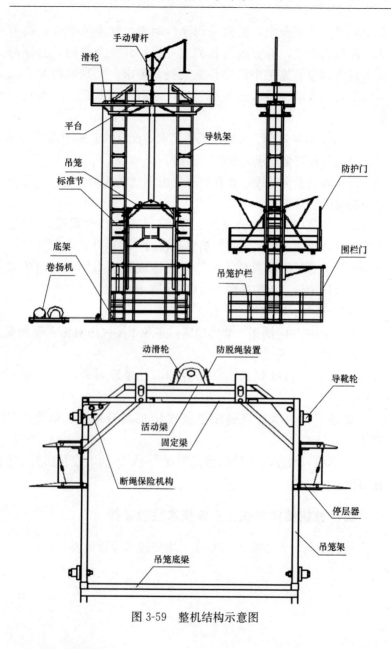

手动臂杆

滑轮

平台

导轨架

吊笼

标准节

底架

卷扬机

防护门

围栏门

吊笼护栏

动滑轮　防脱绳装置

导靴轮

活动梁

固定梁

断绳保险机构

停层器

吊笼架

吊笼底梁

图 3-59　整机结构示意图

2. 主要技术性能参数（表 3-8）。

表 3-8　技术性能参数表

项　目	单　位	参　数	备　注
额定总质量	kg	1200	
运行速度	m/min	≤40	
起升高度	m	25（基本型）	可加高到 100m
吊笼内空尺寸	m	3×2×2	长×宽×高
标准节长度	m	1.5	
标准节质量	kg	42	
吊笼净质量	kg	800	
手摇起重机额定起重量	kg	100	
卷扬机额定牵引力	kN	1000 或 2000	用户自配
使用环境温度		−20～40℃	
工作风力等级		≤6 级	
整机质量	kg	2800	25m 高时，不含卷扬机

三、安装步骤

1. 地基的处理

地基的处理主要考虑两条原则：

首先应满足基础耐压的要求，土层压实后的承载力应不小于 80kPa。当吊笼满载，高度为 100m 时，整机对地基的压力为 10t，在难以确定地面承载能力时，必须制作钢筋混凝土基础；其次应考虑排水问题，地基上不得有长期积水。此外，在浇筑混凝土基础时，可根据底架的尺寸预留一定数量的孔，以便预埋地脚螺栓压紧底架或直接将地脚螺栓浇筑于混凝土内，如图 3-60 所示。

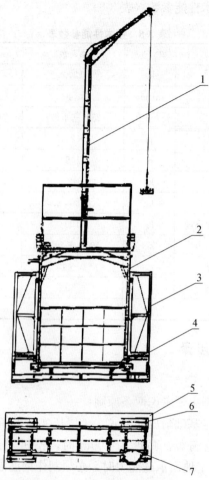

图 3-60　地基处理示意图

1—手动臂杆；2—吊笼；3—标准节；4—缓冲器；5—基础；6—地脚；

7—底架

2. 附着架

附着架预埋件的预设根据建筑物的构造和施工方法，设有两种附着架：第一种是砖混结构建筑用脚手架施工的，可采用脚手架管与扣件作为附墙架，这种情况要预先在外墙上留孔；第二种是应用于钢筋混凝土结构外墙的附墙架，这种情况要按要求预先将预埋件埋设于墙内，埋好后在螺孔内涂上少许黄油，然后用棉纱等塞好，以免灰浆进入，造成失效。预留孔或埋件的位置如3-61所示，也可借用尺寸相近的模板孔附着。

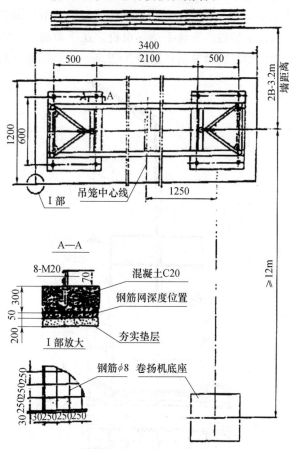

图 3-61 预留孔式埋件位置

3.吊笼运行通道的清除

以吊笼最外轮廓线为准，运行通道范围内必须无障碍物，与吊笼外轮廓线间最小的运行安全距离不得小于 250mm。

4. 底架安装

（1）基础部分的安装

将底架稳固在基础上，用水平仪找平后，用地脚螺栓将底架压牢。在双导架平面方向和垂直于双导架平面方向的不平度均不得大于 2/1000，然后将吊笼就位，两侧各安装一节标准节，使吊笼稳固，装好上护栏，安装手动起重机，在手动起重机插孔内涂上一层黄油，使其转动灵活，如图 3-62 所示为基础部分的安装。

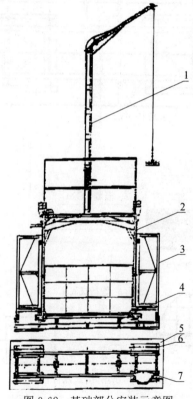

图 3-62　基础部分安装示意图

1—手动起重机；2—吊笼；3—标准节；4—缓冲器；5—基础；6—地脚；7—底架

（2）安装 4 节标准节

将 4 节标准节置于吊笼内天窗口附近，一名操作人员从天窗口上到笼顶，放下吊钩挂在标准节的上框架角钢上，摇动手柄使标准节平稳地从天窗口上到吊笼顶。转动吊杆使标准节置于待接标准节的正上方（注意此时应在接节止口处涂上一层黄油），慢慢落钩，使三个接口相吻合，用螺栓拧紧，拧紧力矩不小于 15kg·m。用同样方法将另一节标准节安装好，如图 3-63 所示。

注意：图中混凝土基础为一整体（即：1.2m×3.4m）不能制作成两个垫墩，基础水平差应不大于 6mm。

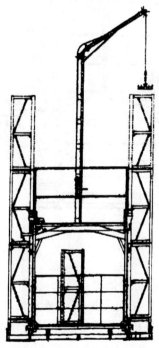

图 3-63　安装标准节示意图

5. 安装顶梁和第四节标准节

安装好另外两节标准节后必须安装顶梁。用小吊杆将顶梁放在刚接好的第三节标准节的中框架处并插上横销，使顶梁担在标准节中框架角钢的立板上，如图 3-64 所示为安装顶梁图，然后安装两侧的第四节标准节。

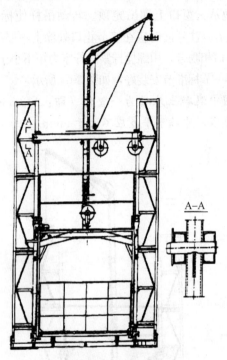

A–A

图 3-64　安装顶梁示意图

6. 穿钢丝线固定绳头

从卷扬机上把钢丝绳抽出，按图 3-65 或图 3-66 的方法穿绕钢丝绳，如使用 1t 卷扬机应按图 3-65 的方法穿绕钢丝绳并固定绳头，如使用 2t 卷扬机的方法穿绕钢丝绳并固定绳头，如图 3-66 所示。

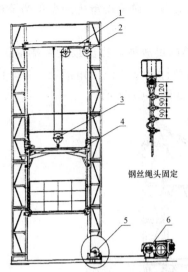

图 3-65 穿钢丝绳固定绳头示意图

1—天梁；2—天轮；3—动滑轮；

4—吊笼；5—地轮；6—卷扬机

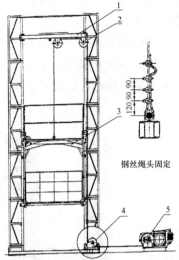

图 3-66 钢丝绳穿绕示意图

1—天梁；2—天轮；3—吊笼

4—地轮；5—卷扬机

7. 安装底护栏

（1）安装翻门安全销、上下限位开关及地线，保证接地电阻不大于 10Ω，当龙门架附近不具备地线埋设条件时，可用不少于 3.5mm² 的导线将地线引到条件符合的地方埋没。

（2）接线：按电气原理图的要求把各部位电器连接好。

（3）调整门限位开关，调节安全锁销的钢丝绳，保证门开时，安全销处于锁定状态。门关时，安全销收回至与导架保持 30mm 以上间隙的位置。

（4）试运行：接电后，核对操作板上的上升、下降按钮与卷筒旋转方向是否一致。

（5）安装好各底护栏，并支好底护栏的斜支撑。

8. 正常接高

注意：正常接高时应保证龙门架底护栏以外 1m 范围内不准

站人或通过，并有专人看护。正常接节同前面所述的安装两节标准节方法相同。

待标准节连接固定好后，卷扬机放绳，拔出顶梁两端横销，用小吊杆将顶梁提到新接好的两节标准节中框架角钢处，穿好横销并固定，操作人员离开吊笼，如图 3-67 所示。

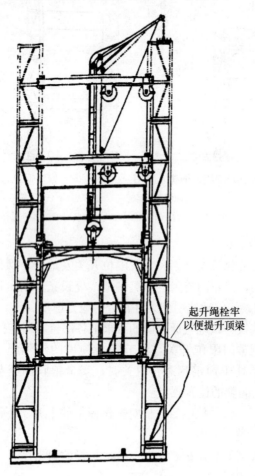

起升绳栓牢
以便提升顶梁

图 3-67　正常接高示意图

9. 翻门安全销动作示意，如图 3-68 所示。

特别需要强调的是，在正常接节时，必须首先将吊笼提升至便于接节位置，运行过程中禁止乘人，操作人员要在吊笼制停后，打开入口门，使吊笼两下侧部位的安全锁销翻转并伸入对面槽钢的锁槽内，稍向下落吊笼，使吊笼挂停在导轨架上，起升钢丝绳不受力，这时人员才可到吊笼顶工作。操作人员必须戴安全帽和系好安全带，并且安全带须系在接好的立柱节上，每次接节，吊笼内最多只允许带 6 节标准节。两节接好后，继续放卷扬机绳，使钢丝绳松弛到足以使顶梁可以提到新接好节的中框架角钢处。同时注意不要让松弛的钢丝绳从顶梁滑轮上脱槽，待顶梁挂好后，摘掉吊钩，将小吊杆转向便于吊笼运行位置。作业人员撤离吊笼，将入口翻门关好，使安全锁销复位，将吊笼提升到下一安装位置。一个工作循环结束。顺序如下：

装节→放绳→提顶梁→收回安全锁销→调整上限位及上极限限位并确认灵敏可靠→正常运行。

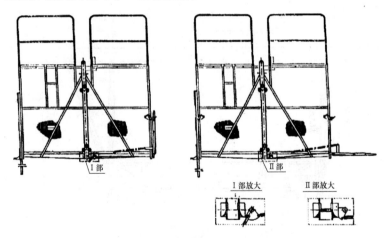

图 3-68　翻门安全销动作示意图

10. 附墙架的安装（用定型附墙架）

在正常接节高度达 6～8m 时，必须安装第一道附墙架。首先将吊笼停靠在便于安装附墙架的位置，然后打开翻门，使吊笼锁定。人员到笼顶，如图 3-69 所示，用定型附墙架所示的连接要求把附墙架连好。此时必须检查安装精度。

（1）必须保证两根导架的主管中心距为 2200mm，保证措施是用一根带有双头螺纹的调节杆调到尺寸。检查方法是使顶梁可自由移动。

（2）沿墙面方向上每一附着间距内的不直度不得大于 4mm；垂直于墙面方向上不直度不得大于 4mm；安装过程中，外伸段长度不得大于 8m；全长不直度不得大于全长的 1％。

（3）精度达到后把各紧固件紧固好，必须保证各部分连接可靠，单根杆件连接必须能承受 600kg 的力而不产生滑移。

（4）整机架设至全高后，最后一道附墙架以上的自由端高度不得大于 6m。

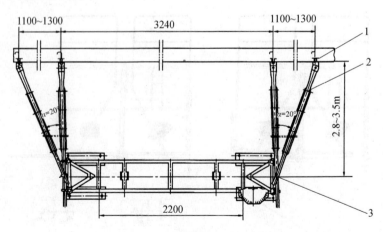

图 3-69　附墙架的安装示意图
1—预埋件；2—附墙架连接杆；3—扣件

11. 附墙架安装图（用脚手架管连接）如图 3-70 所示。

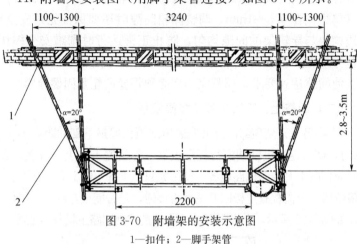

图 3-70 附墙架的安装示意图

1—扣件；2—脚手架管

四、调试

在龙门架第一组安装完后，投入正常使用前，必须对各部分进行调整。

（一）滚轮间隙调整

吊笼两侧滚轮间隙的调整，如图 3-71 所示，滚轮间隙调整值为 0.5～1mm。

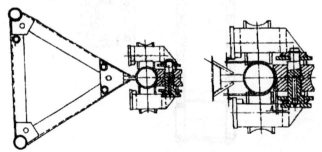

图 3-71 滚轮间隙调整

在使用中滚轮磨损或新换工地后，都要对吊笼导向滚轮的间隙进行调整或更换旧滚轮。调整要求是侧轮和压轮与导轨间的间隙（单边）在 0.5～1mm，调整侧轮间隙时还要保证笼顶安全销两边楔块与导轨架的间隙均匀，防止正常运行时剐蹭安全楔块。调整方向是：松开导向轮紧固螺栓，调整导向轮中的偏心轴方向，使间隙达到要求。调整完毕后必须将导向轮紧固螺栓紧固。

（二）调整上、下限位和上极限限位

1. 将吊笼开到顶部，使吊笼最顶部距顶梁最下部的距离不小于 3m 时，调整卷扬机轴端的行程限位器，使吊笼上的上限开关动作，此时应切断上升控制回路电源，使吊笼只能下降不能上升。在调整完上限位后，只需检查上极限开关是否接通，是否能正好碰上上限位碰块，如图 3-72 所示，上极限开关切断的是控制回路主接触器电源。

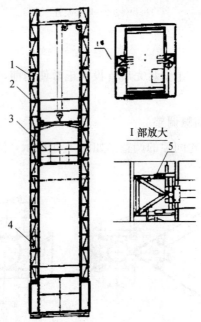

图 3-72 限位碰块的安装示意图

1—上限位、极限碰块；2—导轨架；3—吊笼；4—下限位、极限碰块；5—行程开关

2. 将吊笼开到底部，调整行程限位器，使下限位开关动作，断开下降回路电源，使吊笼只能上升，不能下降。调整后要求吊笼碰到下限位开关自动停车后，牵引钢丝绳不能太松，以免钢丝绳脱槽或被夹住而损坏。

（三）防坠安全钳调整

防坠安全钳的调整，如图 3-73 所示。

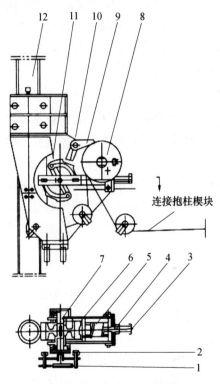

图 3-73 防坠安全钳示意图

1—甩块簧；2—甩块；3—调节螺栓；4—紧固螺母；5—压簧；6—激发轮；
7—甩块轴；8—联动轮；9—卡块；10—限位杆；11—碰杆；12—立杆管

新安装或停放时间超过 3 个月的龙门架式物料提升机必须进

行防坠安全钳的调整,调整步骤如下:

1. 调整图中调节螺栓3,使激发轮压紧导轨不丢转,在使用中必须定期（一周一次）检查激发轮的压紧程度及磨损情况,必要时更换激发轮。

2. 调整图中甩块簧1,使甩块在吊笼正常运行时不碰击卡块9,保证吊笼在正常速度下正常运行。当吊笼下降速度达到正常运行速度的1.3~1.5倍时,甩块在离心力的作用下张开,碰击卡块9而释放制动执行机构,把吊笼制停在导轨上,起到安全保护作用。调整时,在保证吊笼正常运行的前提下,尽可能使甩块弹簧拉力小,调整完后进行试验。

（四）试验

通过按钮盒使电机制动器脱开,而电机不供电,此时吊笼自由下落,在下落一段距离后,安全钳应能动作,将吊笼制停在导轨上。

注意:在试验时应观察在吊笼快接近底弹簧时,如安全钳还未动作,应立即松开按钮,使制动器进行制动,然后使吊笼运行到更高的一个位置或重新进行调整。此试验在正常使用中每3个月进行一次,以校验安全钳的可靠性。

1. 安全钳的复位

在正常使用中,有意外情况使安全错动作（必须排除故障）或坠落试验完后,必须使安全钳复位。

2. 安全钳的复位方法,如图3-74所示。

当安全钳动作制停后,应首先将电机制动器恢复,然后将吊笼再向上提一段距离约0.3~0.5mm,使楔块松动,然后释放吊笼两下侧部安全锁销,使吊笼挂在导轨架上。操作人员把手动安全锁放在制停位置后,到吊笼顶部,用扳手转动安全器,使钢丝线克服弹簧压力,楔块与立柱管脱开,并持卡爪卡入联动轮的槽内,复位结束。

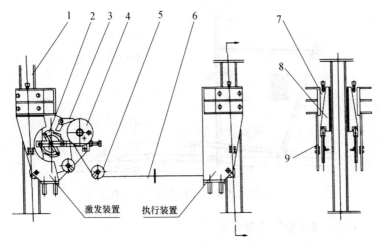

图 3-74 安全钳复位示意图

1—立柱管；2—碰杆；3—卡块；4—连动轮；5—导轮；

6—钢丝绳；7—外楔套；8—内楔套；9—楔套簧

（五）吊笼与各楼层卸料平台

吊笼与各楼层卸料平台关系如图 3-75、图 3-76 所示。

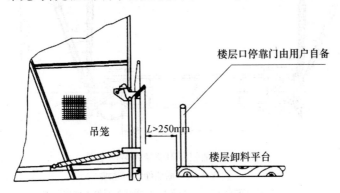

图 3-75 吊笼与各楼层卸料平台关系示意图（一）

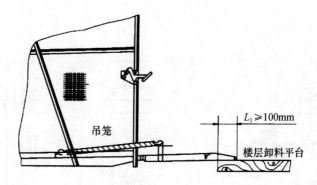

图 3-76　吊笼与各楼层卸料平台关系示意图（二）

（六）加强型附墙架安装

加强型附墙架安装，如图 3-77 所示。

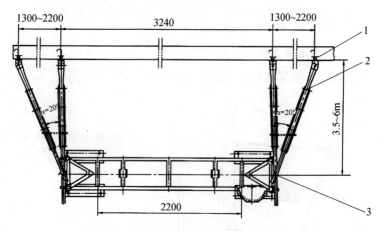

图 3-77　加强型附墙架安装示意图

1—预埋件；2—附墙件；3—扣件

注：1. 当附墙距离＞3.5～6m 时，应采用加强型附墙架附着；

　　2. 用脚手架管固定附墙架时，也可采用图中加强方式附着

五、操作

安装调试完后，物料提升机即可做试运行前的检查，具体操作详见使用说明书。

1. 运行前检查的主要内容

（1）检查各限位开关的动作是否灵活、可靠。

（2）检查滚轮是否灵活转动，润滑是否良好。

（3）检查运行通道是否有障碍物，并清理好，检查各处是否有浮放物。

六、润滑

本机各部件的润滑按表 3-9 进行：

表 3-9　各部件的润滑

间　隔	润滑部位	润滑剂
每月一次	地滑轮	2♯钙基质
每月一次	围栏门、吊笼自动门滑轨	2♯钙基质
每月一次	顶梁滑轮	2♯钙基质
每月一次	安全锁楔块	机油
每月一次	滚轮轴	2♯钙基质
每月一次	减速器	齿轮油冬 30♯，夏 20♯

注：制动器和导轨架（标准接主管）不能沾有油污。

七、拆卸

拆除的程序与安装相反，即后装的先拆，先装的后拆，但必须注意以下问题。

1. 拆除时，首先将吊笼用安全锁销锁定在待拆除的标准节的下两节上，操作人员上到吊笼顶，卷扬机松绳，用小吊杆将顶梁略向上提起，拔出顶梁横销，使顶梁徐徐下降，降到拆除节的下一节中框架角钢处，并重新穿上横销，这时用扳手将立柱管连接螺栓松开，小吊杆吊钩挂在待拆节上框架角钢上，稍向上摇吊杆卷筒手柄，让该节立柱与下节脱开，然后转向吊笼天窗，将该节立柱通过天窗放到吊笼内，用同样的方法拆下另一节立柱，然后将吊杆转向一个便于吊笼运行的方向，以免刮蹭立柱，收紧起升钢丝绳，操作人员离开吊笼，打开锁止机构，使吊笼下降至下一个拆除位置，并将锁止机构锁死，人员重返笼顶，进行下一拆除循环（注意：在吊笼运行时绝不允许有人员留在吊笼顶部或吊笼内）。

2. 拆除时必须将拆除的零件放到吊笼内的工具箱内，不能放到易滑落或有碍吊笼运行的地方。

3. 吊笼内的标准节数最多不能超过 6 节，绝不允许多放，放满 6 节后，吊笼应下降至地面，把拆下的所有零件都卸下，然后再将吊笼开到新的拆除位置，进入下一个拆除循环直到拆到剩下最后一节时，从上面顶梁脱出，解开起升绳头，拆除护栏，操作人员从笼顶下来，拆掉底架与基础的地脚螺栓或压板，清理现场，进入运输状态。注意在吊笼运行状态中严禁任何人员在吊笼内。

八、预埋件和锚固件

（1）混凝土基础浇捣前，应根据物料提升机型号和底架的尺寸，设置固定底架、导向滑轮座的钢制预埋件或地脚螺栓等锚固件。预埋件应准确定位，最大水平偏差不得大于 10mm，地脚螺栓的规格、数量和材质应符合产品说明书的要求。在混凝土基础上还应设置供防护围栏固定的预埋件。

（2）卷扬机基础也应设置预埋件或锚固的地脚螺栓。由于架体、底座的材质多样，可焊性很难确定，因此固定在预埋件或锚固件上时，不宜直接采用电焊固定，宜用压板、螺栓等方法将架体、底座与预埋件、锚固件连接。

九、附墙架

为保证物料提升机架体不倾倒，有条件附墙的低架物料提升机以及所有高架物料提升机都应采用附墙架稳固架体。附墙架的支撑主杆件应使用刚性材料，不得使用软索，常用的刚性材料有角钢、钢管等型钢。当产品说明书中无详细的规定时，应进行设计计算，并满足强度和稳定性的要求。

当用型钢制作附墙架时，型钢材料的强度不得低于架体。附墙架与架体的连接点，应设置在架体主杆与腹杆的结点处，不得随意向上或向下移位。连接点应使用紧固件将附墙架牢靠固定，不得使用现场焊接等不易控制连接强度和损伤架体的方法。

附墙架应能保证几何结构的稳定性，杆件不得少于三根，形成稳定的三角形状态。各杆件与建筑物连接面处需有适当的分开距离，使之受力良好，杆件与架体中心线夹角一般宜控制在 40°左右。内置式井架物料提升机的连接方法如图 3-78 所示，外置式井架物料提升机连接方法如图 13-79（a）所示，龙门架物料提升机连接方法如图 3-79（b）所示。

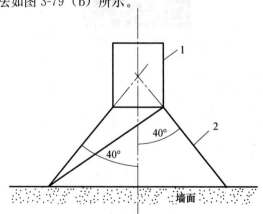

图 3-78 内置式井架物料提升机附墙连接示意图

1—井架架体；2—附墙杆

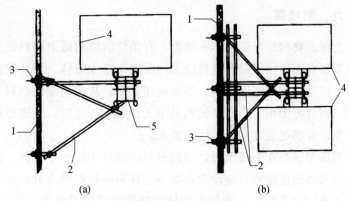

图 3-79　外置式井架物料提升机连接示意图

（a）单笼附墙；（b）双笼附墙

1—建筑物；2—附墙杆；3—穿墙螺栓；4—吊笼；5—架体立柱

资源-物料提升机安装、拆卸流程（二维码）

第四章　起重吊运指挥信号

一、名词术语

通用手势信号——指各种类型的起重机在起重吊运中普遍适用的指挥手势。

专用手势信号——指具有特殊的起升、变幅、回转机构的起重机单独使用的指挥手势。

吊钩（包括吊环、电磁吸盘、抓斗等）——指空钩以及负有荷载的吊钩。

起重机"前进"或"后退"——"前进"指起重机向指挥人员开来；"后退"指起重机离开指挥人员。

前、后、左、右在指挥语言中，均以司机所在位置为基准。

音响符号：

"——"表示大于一秒钟的长声符号。

"●"　表示小于一秒钟的短声符号。

"○"　表示停顿的符号。

二、指挥人员使用的信号

（一）手势信号

1. 通用手势信号

（1）"预备"（注意）：手臂伸直，置于头上方，五指自然伸开，手心朝前保持不动（图 4-1）。

（2）"要主钩"：单手自然握拳，置于头上，轻触头顶（图 4-2）。

（3）"要副钩"：一只手握拳，小臂向上不动，另一只手伸出，手心轻触前只手的肘关节（图4-3）。

（4）"吊钩上升"：小臂向侧上方伸直，五指自然伸开，高于肩部，以腕部为轴转动（图4-4）。

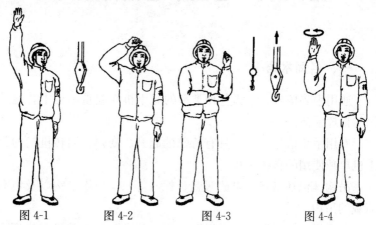

图4-1   图4-2   图4-3   图4-4

（5）"吊钩下降"：手臂伸向侧前下方，与身体夹角约为30°，五指自然伸开，以腕部为轴转动（图4-5）。

（6）"吊钩水平移动"：小臂向侧上方伸直，五指并拢手心朝外，朝负载应运行的方向，向下挥动到与肩相平的位置（图4-6）。

（7）"吊钩微微上升"：小臂伸向侧前上方，手心朝上高于肩部，以腕部为轴，重复向上摆动手掌（图4-7）。

图4-5   图4-6   图4-7

（8）"吊钩微微下落"：手臂伸向侧前下方，与身体夹角约为30°，手心朝下，以腕部为轴，重复向下摆动手掌（图4-8）。

（9）"吊钩水平微微移动"：小臂向侧上方自然伸出，五指并拢手心朝外，朝负载应运行的方向，重复做缓慢的水平运动（图4-9）。

（10）"微动范围"：双小臂曲起，伸向一侧，五指伸直，手心相对，其间距与负载所要移动的距离接近（图4-10）。

（11）"指示降落方位"：五指伸直，指出负载应降落的位置（图4-11）。

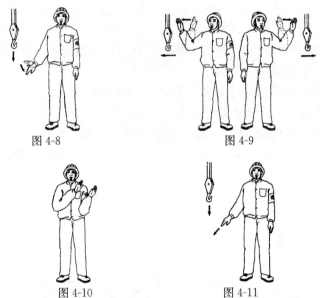

图4-8　　　　　　　　　　　　　图4-9

图4-10　　　　　　　　　　　　图4-11

（12）"停止"：小臂水平置于胸前，五指伸开，手心朝下，水平挥向一侧（图4-12）。

（13）"紧急停止"：两小臂水平置于胸前，五指伸开，手心朝下，同时水平挥向两侧（图4-13）。

（14）"工作结束"：双手五指伸开，在额前交叉（图4-14）。

2. 专用手势信号

（1）"升臂"：手臂向一侧水平伸直，拇指朝上，余指握拢，小臂向上摆动（图 4-15）。

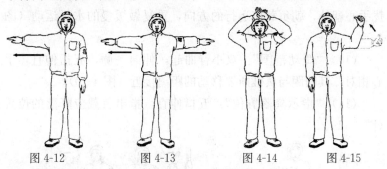

图 4-12　　　　图 4-13　　　　图 4-14　　　　图 4-15

（2）"降臂"：手臂向一侧水平伸直，拇指朝下，余指握拢，小臂向下摆动（图 4-16）。

（3）"转臂"：手臂水平伸直，指向应转臂的方向，拇指伸出，余指握拢，以腕部为轴转动（图 4-17）。

（4）"微微伸臂"：一只小臂置于胸前一侧，五指伸直，手心朝下，保持不动。另一手的拇指对着前手手心，余指握拢，做上下移动（图 4-18）。

（5）"微微降臂"：一只小臂置于胸前的一侧，五指伸直，手心朝上，保持不动，另一只手的拇指对着前手手心，余指握拢，做上下移动（图 4-19）。

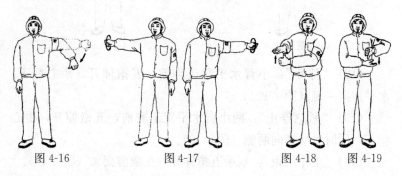

图 4-16　　　　图 4-17　　　　图 4-18　　　　图 4-19

（6）"微微转臂"：一只小臂向前平伸，手心自然朝向内侧。另一只手的拇指指向前只手的手心，余指握拢做转动（图4-20）。

（7）"伸臂"：两手分别握拳，拳心朝上，拇指分别指向两则，做相斥运动。（图4-21）。

（8）"缩臂"：两手分别握拳，拳心朝下，拇指对指，做相向运动（图4-22）。

（9）"履带起重机回转"：一只小臂水平前伸，五指自然伸出不动。另一只小臂在胸前做水平重复摆动（图4-23）。

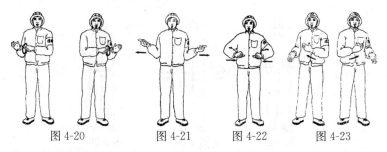

图 4-20　　　　图 4-21　　　　图 4-22　　　　图 4-23

（10）"起重机前进"：双手臂先向前平伸，然后小臂曲起，五指并拢，手心对着自己，做前后运动（图4-24）。

（11）"起重机后退"：双小臂向上曲起，五指并拢，手心朝向起重机，做前后运动（图4-25）。

（12）"抓取"（吸取）：两小臂分别置于侧前方，手心相对，由两侧向中间摆动（图4-26）

（13）"释放"：两小臂分别置于侧前方，手心朝外，两臂分别向两侧摆动（图4-27）。

（14）"翻转"：一小臂向前曲起，手心朝上，另一小臂向前伸出，手心朝下，双手同时进行翻转（图4-28）。

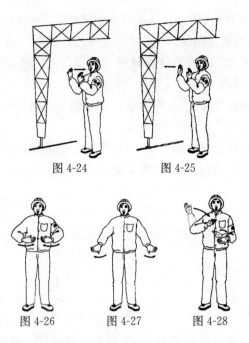

图 4-24   图 4-25

图 4-26   图 4-27   图 4-28

3. 船用起重机（或双机吊运）专用的手势信号

（1）"微速起钩"：两小臂水平伸出侧前方，五指伸开，手心朝上，以腕部为轴，向上摆动。当要求双机以不同的速度起升时，指挥起升速度快的一方，手要高于另一只手（图 4-29）。

（2）"慢速起钩"：两小臂水平伸向前侧方，五指伸开，手心朝上，小臂以肘部为轴向上摆动。当要求双机以不同的速度起升时，指挥起升速度快的一方，手要高于另一只手（图 4-30）。

（3）"全速起钩"：两臂下垂，五指伸开，手心朝上，全臂向上挥动（图 4-31）。

（4）"微速落钩"：两小臂水平伸向侧前方，五指伸开，手心朝下，手以腕部为轴向下摆动。当要求双机以不同的速度降落时，指挥降落速度快的一方，手要低于另一只手（图 4-32）。

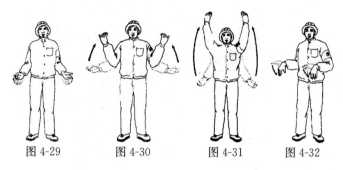

图 4-29   图 4-30   图 4-31   图 4-32

（5）"慢速落钩"：两小臂水平伸向前侧方，五指伸开，手心朝下，小臂以肘部为轴向下摆动。当要求双机以不同的速度降落时，指挥降落速度快的一方，手要低于另一只手（图 4-33）。

（6）"全速落钩"：两臂伸向侧上方，五指伸出，手心朝下，全臂向下挥动（图 4-34）。

（7）"一方停止，一方起钩"：指挥停止的手臂做"停止"手势；指挥起钩的手臂侧做相应速度的起钩手势（图 4-35）。

（8）"一方停止，一方落钩"：指挥停止的手臂做"停止"手势，指挥落钩的手臂则做相应速度的落钩手势（图 4-36）。

4. 旗语信号

（1）"预备"：单手持红绿旗上举（图 4-37）。

图 4-33   图 4-34   图 4-35

161

图 4-36　　　　　　　　图 4-37

（2）"要主钩"：单手持红绿旗，旗头轻触头顶（图 4-38）。

（3）"要副钩"：一只手握拳，小臂向上不动，另一只手拢红绿旗，旗头轻触前只手的肘关节（图 4-39）。

（4）"吊钩上升"：绿旗上举，红旗自然放下（图 4-40）。

（5）"吊钩下降"：绿旗拢起下指，红旗自然放下（图 4-41）。

（6）"吊钩微微上升"：绿旗上举，红旗拢起横在绿旗上，互相垂直（图 4-42）。

（7）"吊钩微微下降"：绿旗拢起下指，红旗横在绿旗下，互相垂直（图 4-43）。

图 4-38　　　　　　图 4-39　　　　　　图 4-40

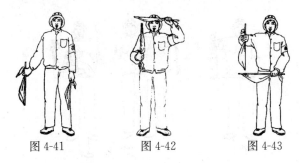

图 4-41   图 4-42   图 4-43

（8）"升臂"：红旗上举，绿旗自然放下（图 4-44）

（9）"降臂"：红旗拢起下指，绿旗自然放下（图 4-45）。

（10）"转臂"：红旗拢起，水平指向应转臂的方向（图 4-46）。

（11）"微微升臂"：红旗上举，绿旗拢起横在红旗上，互相垂直（图 4-47）。

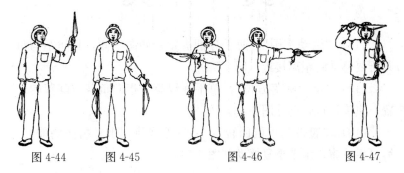

图 4-44   图 4-45   图 4-46   图 4-47

（12）"微微降臂"：红旗拢起下指，绿旗横在红旗下，互相垂直（图 4-48）。

（13）"微微转臂"：红旗拢起，横在腹前，指向应转臂的方向；绿旗拢起，竖在红旗前，互相垂直（图 4-49）。

（14）"伸臂"：两旗分别拢起，横在两侧，旗头外指（图 4-50）。

（15）"缩臂"：两旗分别拢起，横在胸前，旗头对指（图 4-51）。

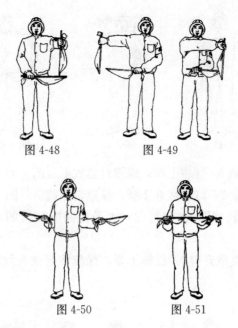

图 4-48　　　　　图 4-49

图 4-50　　　　　图 4-51

（16）"微动范围"：两手分别拢旗，伸向一侧，其间距与负载所要移动的距离接近（图 4-52）。

（17）"指示落落方位"：单手拢绿旗，指向负载应降落的位置，旗头进行转动（图 4-53）。

（18）"履带起重机回转"：一只手拢旗，水平指向侧前方，另只手持旗，水平重复挥动（图 4-54）。

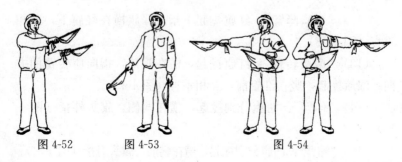

图 4-52　　　　图 4-53　　　　图 4-54

（19）"起重机前进"：两旗分别拢起，向前上方伸出，旗头由前上方向后摆动（图4-55）。

（20）"起重机后退"：两旗分别拢起，向前伸出，旗头由前方向下摆动（图4-56）。

（21）"停止"：单旗左右摆动，另一面旗自然放下（图4-57）。

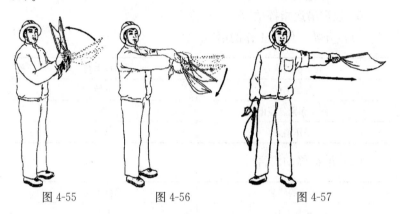

图 4-55　　　　　　图 4-56　　　　　　图 4-57

（22）"紧急停止"：双手分别持旗，同时左右摆动（图4-58）。

（23）"工作结束"：两旗拢起，在额前交叉（图4-59）。

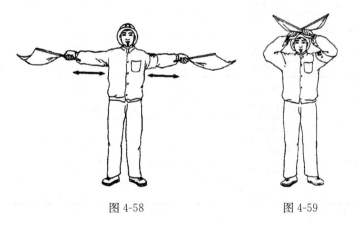

图 4-58　　　　　　　　图 4-59

165

5. 音响信号

(1)"预备"、"停止":一长声——

(2)"上升":二短声●●

(3)"下降":三短声●●●

(4)"微动":断续短声●○●○●○●

(5)"紧急停止":急促的长声—— — — —

6. 起重吊运指挥语言

(1) 开始、停止工作的语言

起重机的状态	指挥语言
开始工作	开始
停止和紧急停止	停
工作结束	结束

(2) 吊钩移动语言

吊钩的移动	指挥语言
正常上升	上升
微微上升	上升一点
正常下降	下降
微微下降	下降一点
正常向前	向前
微微向前	向前一点
正常向后	向后
微微向后	向后一点
正常向右	向右
微微向右	向右一点
正常向左	向左
微微向左	向左一点

（3）转台回转语言

转台的回转	指挥语言
正常右转	右转
微微右转	右转一点
正常左转	左转
微微左转	左转一点

（4）臂架移动语言

臂架的移动	指挥语言
正常伸长	伸长
微微伸长	伸长一点
正常缩回	缩回
微微缩回	缩回一点
正常升臂	升臂
微微升臂	升一点臂
正常降臂	降臂
微微降臂	降一点臂

三、使用的音响信号

（一）"明白"——服从指挥：一短声●

（二）"重复"——请求重新发出信号：二短声●●

（三）"注意"：长声————

四、信号的配合应用

（一）指挥人员使用音响信号与手势或旗语信号的配合

1. 在发出"上升"音响时，可分别与"吊钩上升"、"升臂"、"伸臂"、"抓取"手势或旗语相配合。

2. 在发出"下降"音响时，可分别与"吊钩下降"、"降臂"、

"缩臂"、"释放"手势或旗语相配合。

3. 在发出"微动"音响时，可分别与"吊钩微微上升"、"吊钩微微下降"、"吊钩水平微微移动"、"微微升臂"、"微微降臂"手势或旗语相配合。

4. 在发出"紧急停止"音响时，可与"紧急停止"手势或旗语相配合。

5. 在发出音响信号时，均可与上述未规定的手势或旗语相配合。

（二）指挥人员与司机之间的配合

1. 指挥人员发出"预备"信号时，要目视司机，司机接到信号在开始工作前，应回答"明白"信号。当指挥人员听到回答信号后，方可进行指挥。

2. 指挥人员在发出"要主钩"、"要副钩"、"微动范围"手势或旗语时，要目视司机，同时可发出"预备"音响信号，司机接到信号后，要准确操作。

3. 指挥人员在发出"工作结束"的手势或旗语时，要目视司机，同时可发出"停止"音响信号，司机接到信号后，应回答"明白"信号方可离开岗位。

4. 指挥人员对起重机械要求微微移动时，可根据需要，重复给出信号。司机应按信号要求，缓慢平稳操纵设备。除此之外，如无特殊需求（如船用起重机专用手势信号），其他指挥信号，指挥人员都应一次性给出。司机在接到下一信号前，必须按原指挥信号要求操纵设备。

五、对指挥人员和司机的基本要求

（一）对使用信号的基本规定

1. 指挥人员使用手势信号均以本人的手心、手指或手臂表示吊钩、臂杆和机械位移的运动方向。

2. 指挥人员使用旗语信号均以指挥旗的旗头表示吊钩、臂杆和机械位移的运动方向。

3. 在同时指挥臂杆和吊钩时，指挥人员必须分别用左手指挥臂杆，右手指挥吊钩。当持旗指挥时，一般左手持红旗指挥臂杆，右手持绿旗指挥吊钩。

4. 当两台或两台以上起重机同时在距离较近的工作区域内工作时，指挥人员使用音响信号的音调应有明显区别，并要配合手势或旗语指挥，严禁单独使用相同音调的音响指挥。

5. 当两台或两台以上起重机同时在距离较近的工作区域内工作时，司机发出的音响应有明显区别。

6. 指挥人员用"起重吊运指挥语言"指挥时，应讲普通话。

（二）指挥人员的职责及其要求

1. 指挥人员应根据本标准的信号要求与起重机司机进行联系。

2. 指挥人员发出的指挥信号必须清晰、准确。

3. 指挥人员应站在使司机看清指挥信号的安全位置上。当跟随负载运行指挥时，应随时指挥负载避开人员和障碍物。

4. 指挥人员不能同时看清司机和负载时。必须增设中间指挥人员以便逐级传递信号，当发现错传信号时，应立即发出停止信号。

5. 负载降落前，指挥人员必须确认降落区域安全时，方可发出降落信号。

6. 当多人绑挂同一负载时，起吊前，应先做好呼唤应答，确认绑挂无误后，方可由一人负责指挥。

7. 同时用两台起重机吊运同一负载时，指挥人员应双手分别指挥各台起重机，以确保同步吊运。

8. 在开始起吊负载时，应先用"微动"信号指挥，待负载离开地面 100～200mm 稳妥后，再用正常速度指挥。必要时，在负

169

载降落前，也应使用"微动"信号指挥。

9. 指挥人员应佩戴鲜明的标志，如标有"指挥"字样的臂章、特殊颜色的安全帽、工作服等。

10. 指挥人员所戴手套的手心和手背要易于辨别。

（三）起重机司机的职责及其要求

1. 司机必须听从指挥人员的指挥，当指挥信号不明时，司机应发出"重复"信号询问，明确指挥意图后，方可开车。

2. 司机必须熟练掌握标准规定的通用手势信号和有关的各种指挥信号，并与指挥人员密切配合。

3. 当指挥人员所发信号违反本标准的规定时，司机有权拒绝执行。

4. 司机在开车前必须鸣铃示警，必要时，在吊运中也要鸣铃，通知受负载威胁的地面人员撤离。

5. 在吊运过程中，司机对任何人发出的"紧急停止"信号都应服从。

（四）管理方面的有关规定

1. 对起重机司机和指挥人员，必须由有关部门进行安全技术培训，经考试合格，取得合格证后方能操作或指挥。

2. 音响信号是手势信号或旗语的辅助信号，使用单位可根据工作需要确定是否采用。

3. 指挥旗颜色为红、绿色。应采用不易褪色、不易产生褶皱的材料。其规定：面幅应为 400mm×500mm，旗杆直径应为 25mm，旗杆长度应为 500mm。

4. 指挥信号是各类起重机使用的基本信号。如不能满足需要，使用单位可根据具体情况，适当增补，但增补的信号不得与上述有抵触。

第五章 物料提升机拆装事故案例

某物料提升机安装伤害事故

施工总承包单位：某公司

物料提升机产权单位：××建筑机械有限公司

安装单位：××有限公司（起重机械安装三级资质）

事故发生时间：2007年7月14日

事故伤亡情况：3人死亡

一、事故简介

2007年7月14日，××省××市××综合楼工程施工现场，发生一起物料提升机吊笼坠落事故，造成3人死亡、3人重伤，直接经济损失270万元。该工程为24层框架结构，建筑面积34000m²，合同造价4151万元。7月14日9时左右，施工人员使用物料提升机从首层地面向10～12层作业面用手推车运送水泥砂浆，同时吊笼内乘坐6名施工人员。当吊笼运行至距地面约40m时，牵引钢丝绳突然从压紧装置中脱落，吊笼坠落至地面。根据事故调查和责任认定，对有关责任方做出以下处理：项目经理、工长2人移交刑法机关依法追究刑事责任；施工单位经理、监理单位项目总监、建设单位现场代表等11名责任人分别受到吊销执业资格、罚款等行政处罚和记过、警告、辞退等行政处分；建设、监理、施工、劳务等单位分别受到责令停业整顿、罚款等行政处罚。

二、原因分析

1. 直接原因

物料提升机安装至一定高度后，牵引钢丝绳末端的压紧固定不符合规定要求。压紧固定装置未按规定加装防松弹簧垫圈，同时未按要求安装钢丝绳夹，吊笼在运行中正常的振动使未加防松弹簧垫圈的压紧螺栓松动，压紧力不足，牵引钢丝绳脱落，导致吊笼坠落。见图 5-1、图 5-2。

图 5-1　事故图片（一）

图 5-2　事故图片（二）

2. 间接原因

（1）总包单位在组织安装物料提升机作业中，违反国家有关规定，由工长组织不具备相应操作证、不懂专业技能的作业人员自行安装物料提升机，导致牵引钢丝绳末端压紧固定不符合要求；同时施工人员违章乘坐吊笼，为事故的发生埋下了隐患。

（2）安装单位未按照相关规定编制专项安装（拆除）方案。监理、总包单位未对安装人员的资格进行审查，致使不具备专业技能的人员随意作业。对现场作业人员违章乘坐吊笼未进行有效的管理。

三、事故教训

1. 这是一起典型的因违章指挥、违章作业而引发的较大事故。总包单位安全生产管理意识不强，现场管理混乱，存在严重违章指挥、违章作业现象。工长自行组织不具备专业技能的作业人员违章进行物料提升机安装作业。作业人员违章乘坐物料提升机。

2. 监理单位未尽到监理职责，对施工现场及安装作业中存在的一系列问题未能及时发现并督促整改。

第六章　特种作业人员考核及管理要求

为加强对建筑施工特种作业人员的管理，防止和减少生产安全事故，根据《建筑施工特种作业人员管理规定》（建质〔2008〕75号）、《建筑起重机械安全监督管理规定》等法规规章，制定以下要求。

一、特种作业人员考核要求

（一）申请从事建筑施工特种作业的人员，应当具备下列基本条件：

1. 年满18周岁且符合相关工种规定的年龄要求；

2. 经医院体检合格且无妨碍从事相应特种作业的疾病和生理缺陷；

3. 初中及以上学历；

4. 符合相应特种作业需要的其他条件。

（二）符合《建筑施工特种作业人员管理规定》第八条规定的人员应当向本人户籍所在地或者从业所在地考核发证机关提出申请，并提交相关证明材料。

（三）资格证书采用国务院建设主管部门规定的统一样式，由考核发证机关编号后签发。资格证书样式见图6-1，正本、副本见图6-2。

二、特种作业人员从业要求

（一）持有资格证书的人员，应当受聘于建筑施工企业或者

174

建筑起重机械出租单位（以下简称用人单位），方可从事相应的特种作业。

（二）用人单位对于首次取得资格证书的人员，应当在其正式上岗前安排不少于 3 个月的实习操作。

（三）建筑施工特种作业人员应当严格按照安全技术标准、规范和规程进行作业，正确佩戴和使用安全防护用品，并按规定对作业工具和设备进行维护保养。

（四）建筑施工特种作业人员应当参加年度安全教育培训或者继续教育，每年不得少于 24 小时。

（五）在施工中发生危及人身安全的紧急情况时，建筑施工特种作业人员有权立即停止作业或者撤离危险区域，并向施工现场专职安全生产管理人员和项目负责人报告。

（六）用人单位应当履行下列职责：

1. 与持有效资格证书的特种作业人员订立劳动合同；

2. 制定并落实本单位特种作业安全操作规程和有关安全管理制度；

3. 书面告知特种作业人员违章操作的危害；

4. 向特种作业人员提供齐全、合格的安全防护用品和安全的作业条件；

5. 按规定组织特种作业人员参加年度安全教育培训或者继续教育，培训时间不少于 24 小时；

6. 建立本单位特种作业人员管理档案；

7. 查处特种作业人员违章行为并记录在档；

8. 法律法规及有关规定明确的其他职责。

三、特种作业人员证书延期复核

资格证书有效期为两年。有效期满需要延期的，建筑施工特种作业人员应当于期满前 3 个月内向原考核发证机关申请办理延期复核手续。延期复核合格的，资格证书有效期延期 2 年。

（一）建筑施工特种作业人员申请延期复核，应当提交下列材料：

1. 身份证（原件和复印件）；

2. 体检合格证明；

3. 年度安全教育培训证明或者继续教育证明；

4. 用人单位出具的特种作业人员管理档案记录；

5. 考核发证机关规定提交的其他资料。

（二）特种作业人员在资格证书有效期内，有下列情形之一的，延期复核结果为不合格：

1. 超过相关工种规定年龄要求的；

2. 身体健康状况不再适应相应特种作业岗位的；

3. 对生产安全事故负有责任的；

4. 2 年内违章操作记录达 3 次（含 3 次）以上的；

5. 未按规定参加年度安全教育培训或者继续教育的；

6. 考核发证机关规定的其他情形。

（三）有下列情形之一的，考核发证机关将撤销资格证书：

1. 持证人弄虚作假骗取资格证书或者办理延期复核手续的；

2. 考核发证机关工作人员违法核发资格证书的；

3. 考核发证机关规定应当撤销资格证书的其他情形。

（四）有下列情形之一的，考核发证机关将注销资格证书：

1. 依法不予延期的；

2. 持证人逾期未申请办理延期复核手续的；

3. 持证人死亡或者不具有完全民事行为能力的；

4. 考核发证机关规定应当注销的其他情形。

四、建筑施工特种作业操作资格证书样式

（一）封皮采用深绿色塑料封皮对开，尺寸 100mm×75mm，

如 6-1 图所示：

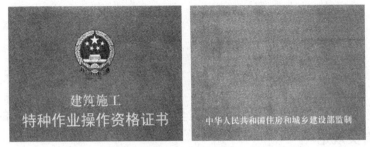

图 6-1 封皮正、背面

（二）特种作业操作资格证书正本及副本均采用纸质，正本加盖钢印和发证机关章后塑封，尺寸为 90mm×60mm，如图 6-2 所示：

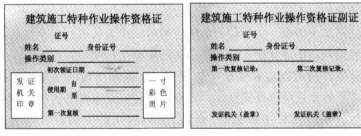

图 6-2 操作资格证书正本、副本

附　　录

一、《中华人民共和国安全生产法》（2014 年修订）的有关规定

第六条　生产经营单位的从业人员有依法获得安全生产保障的权利，并应当依法履行安全生产方面的义务。

第十七条　生产经营单位应当具备本法和有关法律、行政法规和国家标准或者行业标准规定的安全生产条件；不具备安全生产条件的，不得从事生产经营活动。

第二十五条　生产经营单位应当对从业人员进行安全生产教育和培训，保证从业人员具备必要的安全生产知识，熟悉有关的安全生产规章制度和安全操作规程，掌握本岗位的安全操作技能，了解事故应急处理措施，知悉自身在安全生产方面的权利和义务。未经安全生产教育和培训合格的从业人员，不得上岗作业。

生产经营单位使用被派遣劳动者的，应当将被派遣劳动者纳入本单位从业人员统一管理，对被派遣劳动者进行岗位安全操作规程和安全操作技能的教育和培训。劳务派遣单位应当对被派遣劳动者进行必要的安全生产教育和培训。

生产经营单位应当建立安全生产教育和培训档案，如实记录安全生产教育和培训的时间、内容、参加人员以及考核结果等情况。

第二十七条　生产经营单位的特种作业人员必须按照国家有关规定经专门的安全作业培训，取得相应资格，方可上岗作业。

特种作业人员的范围由国务院负责安全生产监督管理部门会同国务院有关部门确定。

第三十二条　生产经营单位应当在有较大危险因素的生产经营场所和有关设施、设备上，设置明显的安全警示标志。

第三十三条　安全设备的设计、制造、安装、使用、检测、维修、改造和报废，应当符合国家标准或者行业标准。

生产经营单位必须对安全设备进行经常性维护、保养，并定期检测，保证正常运转。维护、保养、检测应当做好记录，并由有关人员签字。

第三十四条　生产经营单位使用的危险物品的容器、运输工具，以及涉及人身安全、危险性较大的海洋石油开采特种设备和矿山井下特种设备，必须按照国家有关规定，由专业生产单位生产，并经具有专业资质的检测、检验机构检测、检验合格，取得安全使用证或者安全标志，方可投入使用。检测、检验机构对检测、检验结果负责。

第三十五条　国家对严重危及生产安全的工艺、设备实行淘汰制度，具体目录由国务院安全生产监督管理部门会同国务院有关部门制定并公布。法律、行政法规对目录的制定另有规定的，适用其规定。

省、自治区、直辖市人民政府可以根据本地区实际情况制定并公布具体目录，对前款规定以外的危及生产安全的工艺、设备予以淘汰。

生产经营单位不得使用应当淘汰的危及生产安全的工艺、设备。

第三十七条　生产经营单位对重大危险源应当登记建档，进行定期检测、评估、监控，并制订应急预案，告知从业人员和相关人员在紧急情况下应当采取的应急措施。

生产经营单位应当按照国家有关规定将本单位重大危险源及

有关安全措施、应急措施报有关地方人民政府安全生产监督管理部门和有关部门备案。

第四十条 生产经营单位进行爆破、吊装以及国务院安全生产监督管理部门会同国务院有关部门规定的其他危险作业，应当安排专门人员进行现场安全管理，确保操作规程的遵守和安全措施的落实。

第四十一条 生产经营单位应当教育和督促从业人员严格执行本单位的安全生产规章制度和安全操作规程；并向从业人员如实告知作业场所和工作岗位存在的危险因素、防范措施以及事故应急措施。

第四十二条 生产经营单位必须为从业人员提供符合国家标准或者行业标准的劳动防护用品，并监督、教育从业人员按照使用规则佩戴、使用。

第四十八条 生产经营单位必须依法参加工伤保险，为从业人员缴纳保险费。国家鼓励生产经营单位投保安全生产责任保险。

第四十九条 生产经营单位与从业人员订立的劳动合同，应当载明有关保障从业人员劳动安全、防止职业危害的事项，以及依法为从业人员办理工伤保险的事项。

生产经营单位不得以任何形式与从业人员订立协议，免除或者减轻其对从业人员因生产安全事故伤亡依法应承担的责任。

第五十条 生产经营单位的从业人员有权了解其作业场所和工作岗位存在的危险因素、防范措施及事故应急措施，有权对本单位的安全生产工作提出建议。

第五十一条 从业人员有权对本单位安全生产工作中存在的问题提出批评、检举、控告；有权拒绝违章指挥和强令冒险作业。

生产经营单位不得因从业人员对本单位安全生产工作提出批

评、检举、控告或者拒绝违章指挥、强令冒险作业而降低其工资、福利等待遇或者解除与其订立的劳动合同。

第五十二条　从业人员发现直接危及人身安全的紧急情况时，有权停止作业或者在采取可能的应急措施后撤离作业场所。

生产经营单位不得因从业人员在前款紧急情况下停止作业或者采取紧急撤离措施而降低其工资、福利等待遇或者解除与其订立的劳动合同。

第五十三条　因生产安全事故受到损害的从业人员，除依法享有工伤保险外，依照有关民事法律尚有获得赔偿的权利的，有权向本单位提出赔偿要求。

第五十四条　从业人员在作业过程中，应当严格遵守本单位的安全生产规章制度和操作规程，服从管理，正确佩戴和使用劳动防护用品。

第五十五条　从业人员应当接受安全生产教育和培训，掌握本职工作所需的安全生产知识，提高安全生产技能，增强事故预防和应急处理能力。

第五十六条　从业人员发现事故隐患或者其他不安全因素，应当立即向现场安全生产管理人员或者本单位负责人报告；接到报告的人员应当及时予以处理。

第五十七条　工会有权对建设项目的安全设施与主体工程同时设计、同时施工、同时投入生产和使用进行监督，提出意见。

工会对生产经营单位违反安全生产法律、法规，侵犯从业人员合法权益的行为，有权要求纠正；发现生产经营单位违章指挥、强令冒险作业或者发现事故隐患时，有权提出解决的建议，生产经营单位应当及时研究答复；发现危及从业人员生命安全的情况时，有权向生产经营单位建议组织从业人员撤离危险场所，生产经营单位必须立即处理。

工会有权依法参加事故调查，向有关部门提出处理意见，并要求追究有关人员的责任。

第五十八条 生产经营单位使用被派遣劳动者的，被派遣劳动者享有本法规定的从业人员的权利，并应当履行本法规定的从业人员的义务。

二、《中华人民共和国特种设备安全法》的有关规定

第二条 特种设备的生产（包括设计、制造、安装、改造、修理）、经营、使用、检验、检测和特种设备安全的监督管理，适用本法。

本法所称特种设备，是指对人身和财产安全有较大危险性的锅炉、压力容器（含气瓶）、压力管道、电梯、起重机械、客运索道、大型游乐设施、场（厂）内专用机动车辆，以及法律、行政法规规定适用本法的其他特种设备。

国家对特种设备实行目录管理。特种设备目录由国务院负责特种设备安全监督管理的部门制定，报国务院批准后执行。

第三条 特种设备安全工作应当坚持安全第一、预防为主、节能环保、综合治理的原则。

第十三条 特种设备生产、经营、使用单位及其主要负责人对其生产、经营、使用的特种设备安全负责。

特种设备生产、经营、使用单位应当按照国家有关规定配备特种设备安全管理人员、检测人员和作业人员，并对其进行必要的安全教育和技能培训。

第十四条 特种设备安全管理人员、检测人员和作业人员应当按照国家有关规定取得相应资格，方可从事相关工作。特种设备安全管理人员、检测人员和作业人员应当严格执行安全技术规范和管理制度，保证特种设备安全。

第二十三条 特种设备安装、改造、修理的施工单位应当在施工前将拟进行的特种设备安装、改造、修理情况书面告知直辖

市或者设区的市级人民政府负责特种设备安全监督管理的部门。

第二十四条　特种设备安装、改造、修理竣工后，安装、改造、修理的施工单位应当在验收后三十日内将相关技术资料和文件移交特种设备使用单位。特种设备使用单位应当将其存入该特种设备的安全技术档案。

第二十八条　特种设备出租单位不得出租未取得许可生产的特种设备或者国家明令淘汰和已经报废的特种设备，以及未按照安全技术规范的要求进行维护保养和未经检验或者检验不合格的特种设备。

第二十九条　特种设备在出租期间的使用管理和维护保养义务由特种设备出租单位承担，法律另有规定或者当事人另有约定的除外。

第三十二条　特种设备使用单位应当使用取得许可生产并经检验合格的特种设备。

禁止使用国家明令淘汰和已经报废的特种设备。

第三十三条　特种设备使用单位应当在特种设备投入使用前或者投入使用后三十日内，向负责特种设备安全监督管理的部门办理使用登记，取得使用登记证书。登记标志应当置于该特种设备的显著位置。

第三十五条　特种设备使用单位应当建立特种设备安全技术档案。安全技术档案应当包括以下内容：

（一）特种设备的设计文件、产品质量合格证明、安装及使用维护保养说明、监督检验证明等相关技术资料和文件；

（二）特种设备的定期检验和定期自行检查记录；

（三）特种设备的日常使用状况记录；

（四）特种设备及其附属仪器仪表的维护保养记录；

（五）特种设备的运行故障和事故记录。

第三十九条　特种设备使用单位应当对其使用的特种设备进

行经常性维护保养和定期自行检查，并做出记录。

特种设备使用单位应当对其使用的特种设备的安全附件、安全保护装置进行定期校验、检修，并做出记录。

第四十条 特种设备使用单位应当按照安全技术规范的要求，在检验合格有效期届满前一个月向特种设备检验机构提出定期检验要求。

特种设备检验机构接到定期检验要求后，应当按照安全技术规范的要求及时进行安全性能检验。特种设备使用单位应当将定期检验标志置于该特种设备的显著位置。

未经定期检验或者检验不合格的特种设备，不得继续使用。

第四十一条 特种设备安全管理人员应当对特种设备使用状况进行经常性检查，发现问题应当立即处理；情况紧急时，可以决定停止使用特种设备并及时报告本单位有关负责人。

特种设备作业人员在作业过程中发现事故隐患或者其他不安全因素，应当立即向特种设备安全管理人员和单位有关负责人报告；特种设备运行不正常时，特种设备作业人员应当按照操作规程采取有效措施保证安全。

第四十二条 特种设备出现故障或者发生异常情况，特种设备使用单位应当对其进行全面检查，消除事故隐患，方可继续使用。

第七十条 特种设备发生事故后，事故发生单位应当按照应急预案采取措施，组织抢救，防止事故扩大，减少人员伤亡和财产损失，保护事故现场和有关证据，并及时向事故发生地县级以上人民政府负责特种设备安全监督管理的部门和有关部门报告。

县级以上人民政府负责特种设备安全监督管理的部门接到事故报告，应当尽快核实情况，立即向本级人民政府报告，并按照规定逐级上报。必要时，负责特种设备安全监督管理的部门可以越级上报事故情况。对特别重大事故、重大事故，国务院负责特种设备安全监督管理的部门应当立即报告国务院并通报国务院安全生产监督管理部门等有关部门。

与事故相关的单位和人员不得迟报、谎报或者瞒报事故情况，不得隐匿、毁灭有关证据或者故意破坏事故现场。

第七十一条　事故发生地人民政府接到事故报告，应当依法启动应急预案，采取应急处置措施，组织应急救援。

第七十二条　特种设备发生特别重大事故，由国务院或者国务院授权有关部门组织事故调查组进行调查。

发生重大事故，由国务院负责特种设备安全监督管理的部门会同有关部门组织事故调查组进行调查。

发生较大事故，由省、自治区、直辖市人民政府负责特种设备安全监督管理的部门会同有关部门组织事故调查组进行调查。

发生一般事故，由设区的市级人民政府负责特种设备安全监督管理的部门会同有关部门组织事故调查组进行调查。

事故调查组应当依法、独立、公正地开展调查，提出事故调查报告。

三、《建设工程安全生产管理条例》的有关规定

第十五条　为建设工程提供机械设备和配件的单位，应当按照安全施工的要求配备齐全有效的保险、限位等安全设施和装置。

第十六条　出租的机械设备和施工机具及配件，应当具有生产（制造）许可证、产品合格证。

出租单位应当对出租的机械设备和施工机具及配件的安全性能进行检测，在签订租赁协议时，应当出具检测合格证明。

禁止出租检测不合格的机械设备和施工机具及配件。

第十七条　在施工现场安装、拆卸施工起重机械和整体提升脚手架、模板等自升式架设设施，必须由具有相应资质的单位

承担。

安装、拆卸施工起重机械和整体提升脚手架、模板等自升式架设设施，应当编制拆装方案、制定安全施工措施，并由专业技术人员现场监督。

施工起重机械和整体提升脚手架、模板等自升式架设设施安装完毕后，安装单位应当自检，出具自检合格证明，并向施工单位进行安全使用说明，办理验收手续并签字。

第十八条 施工起重机械和整体提升脚手架、模板等自升式架设设施的使用达到国家规定的检验检测期限的，必须经具有专业资质的检验检测机构检测。经检测不合格的，不得继续使用。

第二十五条 垂直运输机械作业人员、安装拆卸工、爆破作业人员、起重信号工、登高架设作业人员等特种作业人员，必须按照国家有关规定经过专门的安全作业培训，并取得特种作业操作资格证书后，方可上岗作业。

四、《建筑起重机械安全监督管理规定》（建设部令第166号）

第一条 为了加强建筑起重机械的安全监督管理，防止和减少生产安全事故，保障人民群众生命和财产安全，依据《建设工程安全生产管理条例》《特种设备安全监察条例》《安全生产许可证条例》，制定本规定。

第二条 建筑起重机械的租赁、安装、拆卸、使用及其监督管理，适用本规定。

本规定所称建筑起重机械，是指纳入特种设备目录，在房屋建筑工地和市政工程工地安装、拆卸、使用的起重机械。

第三条 国务院建设主管部门对全国建筑起重机械的租赁、安装、拆卸、使用实施监督管理。

县级以上地方人民政府建设主管部门对本行政区域内的建筑起重机械的租赁、安装、拆卸、使用实施监督管理。

第四条　出租单位出租的建筑起重机械和使用单位购置、租赁、使用的建筑起重机械应当具有特种设备制造许可证、产品合格证、制造监督检验证明。

第五条　出租单位在建筑起重机械首次出租前，自购建筑起重机械的使用单位在建筑起重机械首次安装前，应当持建筑起重机械特种设备制造许可证、产品合格证和制造监督检验证明到本单位工商注册所在地县级以上地方人民政府建设主管部门办理备案。

第六条　出租单位应当在签订的建筑起重机械租赁合同中，明确租赁双方的安全责任，并出具建筑起重机械特种设备制造许可证、产品合格证、制造监督检验证明、备案证明和自检合格证明，提交安装使用说明书。

第七条　有下列情形之一的建筑起重机械，不得出租、使用：

（一）属国家明令淘汰或者禁止使用的；

（二）超过安全技术标准或者制造厂家规定的使用年限的；

（三）经检验达不到安全技术标准规定的；

（四）没有完整安全技术档案的；

（五）没有齐全有效的安全保护装置的。

第八条　建筑起重机械有本规定第七条第（一）、（二）、（三）项情形之一的，出租单位或者自购建筑起重机械的使用单位应当予以报废，并向原备案机关办理注销手续。

第九条　出租单位、自购建筑起重机械的使用单位，应当建立建筑起重机械安全技术档案。

建筑起重机械安全技术档案应当包括以下资料：

（一）购销合同、制造许可证、产品合格证、制造监督检验证明、安装使用说明书、备案证明等原始资料；

（二）定期检验报告、定期自行检查记录、定期维护保养记

录、维修和技术改造记录、运行故障和生产安全事故记录、累计运转记录等运行资料;

(三)历次安装验收资料。

第十条 从事建筑起重机械安装、拆卸活动的单位(以下简称安装单位)应当依法取得建设主管部门颁发的相应资质和建筑施工企业安全生产许可证,并在其资质许可范围内承揽建筑起重机械安装、拆卸工程。

第十一条 建筑起重机械使用单位和安装单位应当在签订的建筑起重机械安装、拆卸合同中明确双方的安全生产责任。

实行施工总承包的,施工总承包单位应当与安装单位签订建筑起重机械安装、拆卸工程安全协议书。

第十二条 安装单位应当履行下列安全职责:

(一)按照安全技术标准及建筑起重机械性能要求,编制建筑起重机械安装、拆卸工程专项施工方案,并由本单位技术负责人签字;

(二)按照安全技术标准及安装使用说明书等检查建筑起重机械及现场施工条件;

(三)组织安全施工技术交底并签字确认;

(四)制定建筑起重机械安装、拆卸工程生产安全事故应急救援预案;

(五)将建筑起重机械安装、拆卸工程专项施工方案,安装、拆卸人员名单,安装、拆卸时间等材料报施工总承包单位和监理单位审核后,告知工程所在地县级以上地方人民政府建设主管部门。

第十三条 安装单位应当按照建筑起重机械安装、拆卸工程专项施工方案及安全操作规程组织安装、拆卸作业。

安装单位的专业技术人员、专职安全生产管理人员应当进行现场监督,技术负责人应当定期巡查。

第十四条　建筑起重机械安装完毕后，安装单位应当按照安全技术标准及安装使用说明书的有关要求对建筑起重机械进行自检、调试和试运转。自检合格的，应当出具自检合格证明，并向使用单位进行安全使用说明。

第十五条　安装单位应当建立建筑起重机械安装、拆卸工程档案。

建筑起重机械安装、拆卸工程档案应当包括以下资料：

（一）安装、拆卸合同及安全协议书；

（二）安装、拆卸工程专项施工方案；

（三）安全施工技术交底的有关资料；

（四）安装工程验收资料；

（五）安装、拆卸工程生产安全事故应急救援预案。

第十六条　建筑起重机械安装完毕后，使用单位应当组织出租、安装、监理等有关单位进行验收，或者委托具有相应资质的检验检测机构进行验收。建筑起重机械经验收合格后方可投入使用，未经验收或者验收不合格的不得使用。

实行施工总承包的，由施工总承包单位组织验收。

建筑起重机械在验收前应当经有相应资质的检验检测机构监督检验合格。

检验检测机构和检验检测人员对检验检测结果、鉴定结论依法承担法律责任。

第十七条　使用单位应当自建筑起重机械安装验收合格之日起 30 日内，将建筑起重机械安装验收资料、建筑起重机械安全管理制度、特种作业人员名单等，向工程所在地县级以上地方人民政府建设主管部门办理建筑起重机械使用登记。登记标志置于或者附着于该设备的显著位置。

第十八条　使用单位应当履行下列安全职责：

（一）根据不同施工阶段、周围环境以及季节、气候的变化，对建筑起重机械采取相应的安全防护措施；

（二）制定建筑起重机械生产安全事故应急救援预案；

（三）在建筑起重机械活动范围内设置明显的安全警示标志，对集中作业区做好安全防护：

（四）设置相应的设备管理机构或者配备专职的设备管理人员；

（五）指定专职设备管理人员、专职安全生产管理人员进行现场监督检查；

（六）建筑起重机械出现故障或者发生异常情况的，立即停止使用，消除故障和事故隐患后，方可重新投入使用。

第十九条 使用单位应当对在用的建筑起重机械及其安全保护装置、吊具、索具等进行经常性和定期的检查、维护和保养，并做好记录。

使用单位在建筑起重机械租期结束后，应当将定期检查、维护和保养记录移交出租单位。

建筑起重机械租赁合同对建筑起重机械的检查、维护、保养另有约定的，从其约定。

第二十条 建筑起重机械在使用过程中需要附着的，使用单位应当委托原安装单位或者具有相应资质的安装单位按照专项施工方案实施，并按照本规定第十六条规定组织验收。验收合格后方可投入使用。

建筑起重机械在使用过程中需要顶升的，使用单位委托原安装单位或者具有相应资质的安装单位按照专项施工方案实施后，即可投入使用。

禁止擅自在建筑起重机械上安装非原制造厂制造的标准节和附着装置。

第二十一条 施工总承包单位应当履行下列安全职责：

（一）向安装单位提供拟安装设备位置的基础施工资料，确保建筑起重机械进场安装、拆卸所需的施工条件；

（二）审核建筑起重机械的特种设备制造许可证、产品合格证、制造监督检验证明、备案证明等文件；

（三）审核安装单位、使用单位的资质证书、安全生产许可证和特种作业人员的特种作业操作资格证书；

（四）审核安装单位制定的建筑起重机械安装、拆卸工程专项施工方案和生产安全事故应急救援预案；

（五）审核使用单位制定的建筑起重机械生产安全事故应急救援预案；

（六）指定专职安全生产管理人员监督检查建筑起重机械安装、拆卸、使用情况；

（七）施工现场有多台塔式起重机作业时，应当组织制定并实施防止塔式起重机相互碰撞的安全措施。

第二十二条　监理单位应当履行下列安全职责：

（一）审核建筑起重机械特种设备制造许可证、产品合格证、制造监督检验证明、备案证明等文件；

（二）审核建筑起重机械安装单位、使用单位的资质证书、安全生产许可证和特种作业人员的特种作业操作资格证书；

（三）审核建筑起重机械安装、拆卸工程专项施工方案；

（四）监督安装单位执行建筑起重机械安装、拆卸工程专项施工方案情况；

（五）监督检查建筑起重机械的使用情况；

（六）发现存在生产安全事故隐患的，应当要求安装单位、使用单位限期整改，对安装单位、使用单位拒不整改的，及时向建设单位报告。

第二十三条　依法发包给两个及两个以上施工单位的工程，不同施工单位在同一施工现场使用多台塔式起重机作业时，建设单位应当协调组织制定防止塔式起重机相互碰撞的安全措施。

安装单位、使用单位拒不整改生产安全事故隐患的，建设单位接到监理单位报告后，应当责令安装单位、使用单位立即停工整改。

第二十四条 建筑起重机械特种作业人员应当遵守建筑起重机械安全操作规程和安全管理制度，在作业中有权拒绝违章指挥和强令冒险作业，有权在发生危及人身安全的紧急情况时立即停止作业或者采取必要的应急措施后撤离危险区域。

第二十五条 建筑起重机械安装拆卸工、起重信号工、起重司机、司索工等特种作业人员应当经建设主管部门考核合格，并取得特种作业操作资格证书后，方可上岗作业。

省、自治区、直辖市人民政府建设主管部门负责组织实施建筑施工企业特种作业人员的考核。

特种作业人员的特种作业操作资格证书参照国务院建设主管部门规定统一的样式。

第二十六条 建设主管部门履行安全监督检查职责时，有权采取下列措施：

（一）要求被检查的单位提供有关建筑起重机械的文件和资料；

（二）进入被检查单位和被检查单位的施工现场进行检查；

（三）对检查中发现的建筑起重机械生产安全事故隐患，责令立即排除；重大生产安全事故隐患排除前或者排除过程中无法保证安全的，责令从危险区域撤出作业人员或者暂时停止施工。

第二十七条 负责办理备案或者登记的建设主管部门应当建立本行政区域内的建筑起重机械档案，按照有关规定对建筑起重机械进行统一编号，并定期向社会公布建筑起重机械的安全状况。

第二十八条 违反本规定，出租单位、自购建筑起重机械的使用单位，有下列行为之一的，由县级以上地方人民政府建设主管部门责令限期改正，予以警告，并处以 5000 元以上 1 万元以下罚款：

（一）未按照规定办理备案的；

（二）未按照规定办理注销手续的；

（三）未按照规定建立建筑起重机械安全技术档案的。

第二十九条　违反本规定，安装单位有下列行为之一的，由县级以上地方人民政府建设主管部门责令限期改正，予以警告，并处以 5000 元以上 3 万元以下罚款：

（一）未履行第十二条第（二）、（四）、（五）项安全职责的；

（二）未按照规定建立建筑起重机械安装、拆卸工程档案的；

（三）未按照建筑起重机械安装、拆卸工程专项施工方案及安全操作规程组织安装、拆卸作业的。

第三十条　违反本规定，使用单位有下列行为之一的，由县级以上地方人民政府建设主管部门责令限期改正，予以警告，并处以 5000 元以上 3 万元以下罚款：

（一）未履行第十八条第（一）、（二）、（四）、（六）项安全职责的；

（二）未指定专职设备管理人员进行现场监督检查的；

（三）擅自在建筑起重机械上安装非原制造厂制造的标准节和附着装置的。

第三十一条　违反本规定，施工总承包单位未履行第二十一条第（一）、（三）、（四）、（五）、（七）项安全职责的，由县级以上地方人民政府建设主管部门责令限期改正，予以警告，并处以 5000 元以上 3 万元以下罚款。

第三十二条　违反本规定，监理单位未履行第二十二条第（一）、（二）、（四）、（五）项安全职责的，由县级以上地方人民政府建设主管部门责令限期改正，予以警告，并处以 5000 元以上 3 万元以下罚款。

第三十三条 违反本规定，建设单位有下列行为之一的，由县级以上地方人民政府建设主管部门责令限期改正，予以警告，并处以 5000 元以上 3 万元以下罚款；逾期未改的，责令停止施工：

（一）未按照规定协调组织制定防止多台塔式起重机相互碰撞的安全措施的；

（二）接到监理单位报告后，未责令安装单位、使用单位立即停工整改的。

第三十四条 违反本规定，建设主管部门的工作人员有下列行为之一的，依法给予处分；构成犯罪的，依法追究刑事责任：

（一）发现违反本规定的违法行为不依法查处的；

（二）发现在用的建筑起重机械存在严重生产安全事故隐患不依法处理的；

（三）不依法履行监督管理职责的其他行为。

参考文献

［1］GB/T5972—2016. 起重机钢丝绳保养、维护、检验和报废［S］.

［2］GB/T 8706—2017. 钢丝绳术语、标记和分类［S］.

［3］GB/T 1955—2018. 建筑卷扬机［S］.

［4］GB5082—1985. 起重吊运指挥信号［S］.

［5］JGJ 88—2010. 龙门架及井架物料提升机安全技术规范［S］.

［6］JB-T—8521. 编织吊索-安全性-第二部分：一般用途合成纤维圆形吊装带［S］.